AF332462

EXPOSITION UNIVERSELLE
DE 1867.

RAPPORT

FAIT

A SON EXCELLENCE MONSIEUR LE DUC DE MAGENTA,

MARÉCHAL DE FRANCE, GOUVERNEUR GÉNÉRAL,

PAR

LES DÉLÉGUÉS DE L'ALGÉRIE

A L'EXPOSITION UNIVERSELLE.

ALGER.

TYPOGRAPHIE BASTIDE.

OCTOBRE 1867.

1868

Une Commission a été instituée par S. E. M. le Maréchal Gouverneur Général dans le but de rechercher et de faire connaître la part prise par l'Algérie à l'Exposition Universelle de 1867, ainsi que les enseignements utiles qu'il serait possible de retirer de la comparaison des produits de la Colonie avec les produits similaires des autres pays.

Cette Commission était ainsi composée :

Président : M. ARLÈS-DUFOUR, Membre du Jury Impérial ;

Membres : MM. ADDA-BEN-FOUDDAD, Caïd des Ouled-Kosseïr, province d'Alger ;

DE BOISSON, Négociant à Philippeville, Président de la Chambre de Commerce ;

BORÉLY-LASAPIE, Propriétaire et Maire de Blidah ;

FOACIER DE RUZÉ, Propriétaire à Constantine ;

HAMIDA-OULD-CAID-OMAR, Muphti et Membre de la Chambre de Commerce d'Oran ;

HAMOUD-BOU-MAZARLI-ALY, Caïd des Oulad-Abd-el-Nour, province de Constantine ;

HARDY, Directeur du Jardin d'acclimatation ;

JOUANNON, propriétaire à Bône ;

Masquelier, Manufacturier à Lille, Propriétaire à Saint-Denis-du-Sig ;

Du Mesgnil, Directeur de la Compagnie des cotons et produits agricoles de l'Algérie, à Bouffarick ;

Pons, Chef de bureau au Secrétariat Général du Gouvernement ;

Renault, Négociant et Membre de la Chambre de Commerce d'Oran ;

Teston, Conservateur des produits de l'Algérie au Ministère de la Guerre ;

Ville, Ingénieur en chef des Mines de la province d'Alger ;

Villiers, Directeur de la Banque de l'Algérie ;

Membres adjoints : MM. Arlès-Dufour, (Armand), Propriétaire à Kandouri, province d'Alger ;

Mac Carthy, Ingénieur civil ;

Viguier, (Paul), Propriétaire à Bou-Sfer, province de Constantine.

M. Arlès-Dufour n'ayant pu, pour motifs de santé, conserver les fonctions qui lui avaient été confiées, M. Ferdinand Barrot, Grand Référendaire du Sénat et Propriétaire en Algérie, a bien voulu accepter la Présidence de la Commission.

Le travail de cette Commission se trouve résumé dans le Rapport qui fait l'objet de la présente publication.

RAPPORT.

La puissance de l'homme s'est manifestée depuis moins d'un siècle par des découvertes si nombreuses et des progrès d'un tel éclat que les sociétés, comme les individus, éprouvent le besoin de jeter de temps à autre un regard en arrière et de se recueillir. Il est indispensable en effet de constater les résultats obtenus et de rechercher ce qu'il y a lieu de faire encore pour marcher d'un pas continu vers ces améliorations incessantes auxquelles l'Industrie, éclairée et soutenue par la Science, mène l'humanité.

Les Expositions Nationales sont le témoignage le plus certain de ce besoin; les Expositions Universelles sa plus éclatante manifestation. Les premières représentent et résument les conquêtes de l'initiative, de la force d'action et du génie de chaque peuple; les autres sont l'immense foyer où viennent concourir les éléments de lumière et de puissance appelés de tous les points de l'horizon et où le monde entier, se faisant juge, constate les merveilleux progrès de la civilisation, les proclame et convie l'homme à en prendre possession.

C'est en 1855, lors de l'Exposition universelle de France, que l'Algérie fut appelée à s'affirmer ainsi pour la première fois.

La jeune Colonie, encore toute émue du choc des dernières batailles ; n'ayant, au point de vue de la production, d'existence réelle que depuis les premiers jours de 1848, c'est-à-dire depuis la reddition d'Abd-el-Kader, descendit résolûment dans l'arène et y donna des témoignages si manifestes de sa vitalité puissante, qu'il n'y avait plus à douter de son avenir.

Dans toutes les solennités de même nature qui se sont produites depuis lors, de nouveaux succès ont couronné les efforts de l'Algérie. A l'Exposition de Londres, en 1862, bien que se trouvant en concurrence avec les plus grandes nations, elle a su prendre un rang honorable qu'elle a gardé sans contestation toutes les fois que l'opinion publique a été appelée à juger ses produits.

Au moment où la France, sur l'invitation de son Souverain, ouvrait pour la deuxième fois une Exposition Universelle à Paris, l'Algérie, malgré les rudes épreuves des deux dernières années, est venue sans défaillance prendre part à ce concours de la production générale. Dans ce palais du Champ de Mars où s'entassaient toutes les richesses tirées du globe et utilisées par le génie de l'homme, où étaient réunis les instruments les plus ingénieux créés par la science et les produits les plus variés de l'art, notre Colonie a pu encore faire constater le développement important de ses travaux agricoles, la diversité et la richesse de ses produits naturels, les progrès de son industrie, et des récompenses éclatantes ont témoigné de ses efforts aussi constants que courageux.

Vous avez bien voulu, Monsieur le Gouverneur Général, charger une Commission spéciale de déterminer aussi exactement que possible la part prise par l'Algérie à l'Exposition de 1867, de faire une analyse raisonnée de ses travaux, en appréciant les objets qu'elle a exposés et en les comparant avec leurs similaires des autres parties du Monde. Tel était le but du travail que nous avons l'honneur de placer sous les yeux de Votre Excellence. Nous y avons mis tout le zèle et tout le soin dont nous étions capables, regrettant seulement de n'avoir pu, par le fait de circonstances imprévues, consacrer à nos investigations et à nos études tout le temps qu'elles eussent exigé.

Néanmoins, entraînés par le sujet et agrandissant ou plutôt complétant le cercle de nos travaux, nous avons recherché ce que l'Algérie avait à faire pour améliorer et développer son agriculture et son industrie, pour tirer tout le parti possible de ses richesses végétales, animales et minérales, pour étendre ses relations commerciales non-seulement avec la France, mais encore avec les nations étrangères.

La Commission a cherché la solution de ces questions avec sincérité, sans se laisser dominer par l'esprit étroit de localité ou, ce qui est peut-être plus dangereux encore, par des idées préconçues et systématiques; elle a signalé l'état actuel des choses et les améliorations qu'il comporte. S'appuyant sur l'expérience des faits constatés, elle a donné des conseils aux cultivateurs algériens, leur a fourni des indications utiles et a pris soin de leur faire connaître les méthodes et les appareils dont l'efficacité lui a paru le mieux établie. En s'efforçant de rendre sa tâche profitable à la colonie, elle s'est conformée aux vues éclairées de Votre Excellence et de son administration.

Avant d'aborder le fond même de notre sujet, il nous semble indispensable de revenir encore sur quelques faits géographiques et historiques qui s'y rattachent intimement et en sont pour ainsi dire les prolégomènes. On les a déjà présentés bien souvent, mais ils jouent un rôle si important dans la condition économique de la Colonie, qu'on ne saurait trop les répéter.

L'Algérie, partie moyenne du vaste massif qui se détache du Nord de l'Afrique, comme pour se rapprocher de l'Europe, développe vis-à-vis de la France, sur la rive opposée de la Méditerranée, un front de plus de mille kilomètres, en même temps qu'elle touche pour ainsi dire à l'Espagne sur la gauche, à l'Italie sur la droite.

A bien prendre, c'est une partie de cette grande zône à laquelle appartiennent ces deux vastes régions, ainsi que toutes les terres qui en France regardent le Midi, les Alpes Maritimes, les départements de l'ancienne Provence, le Languedoc et le Roussillon. Beaucoup de similitude dans le sol, dans le régime des eaux, dans le climat, dans la végétation, tend à révéler entre ces pays un caractère très-prononcé d'homogénéité.

Le territoire de notre Colonie représente la partie sinon la plus étendue, du moins la plus riche et la plus importante, sous tous les rapports, du littoral septentrional de l'Afrique. Elle comprend ce que l'on appelle le Tell, c'est-à-dire la région des labours périodiques, des forêts, des grains et des fruits, la terre des cultures permanentes. C'est là qu'est déjà et que sera le centre de la colonisation française, comme c'est là aussi que jadis s'était établie et développée l'occupation romaine.

Au midi, le Tell touche de toutes parts au Sahara, à ce mélange de plateaux pierreux et de sables mobiles où la culture n'est plus qu'un fait accidentel, un effort laborieux de l'industrie de l'homme et où elle reste concentrée dans des espèces d'îles appelées oasis, disséminées à la surface des immenses solitudes du désert.

La nature a ménagé entre le Tell et le Désert un lieu de transition, les steppes, landes immenses couvertes la plupart d'herbages touffus, parsemées de quelques massifs d'arbres, une véritable terre de pâture où errent de nombreux troupeaux de moutons et de bœufs.

Ainsi la surface de l'Algérie se divise en trois zônes successives et parallèles au rivage de la mer : le Tell, les Steppes et le Sahara. Sur ces divisions immuables, la politique administrative a superposé ses divisions mobiles, qui, tracées du littoral vers le centre, traversent les climats et les terres appartenant aux trois zônes que nous venons de décrire.

C'est ainsi que l'on nomme, d'après les trois grandes villes qui leur servent de chef-lieu :

> La province d'Alger,
> La province de Constantine,
> La province d'Oran.

Puis, comme subdivisions appartenant à un ordre d'idées plus spécial et plus restreint et ayant les mêmes chefs-lieux :

> Le département d'Alger,
> Le département de Constantine,
> Le département d'Oran.

Ces indications étaient nécessaires pour faire mieux comprendre la plupart des détails dans lesquels nous allons entrer sur la grande et honorable part prise par l'Algérie à l'Exposition Universelle de 1867.

Nous avons pensé que les divisions du catalogue général étaient trop compliquées pour un travail s'appliquant à une production naturellement plus limitée, et nous avons adopté pour plus de simplification et de clarté, celle des trois principales formes sous lesquelles se manifeste la colonisation en Algérie : l'Agriculture, l'Industrie, le Commerce.

PREMIÈRE PARTIE.

AGRICULTURE.

L'Agriculture algérienne est très-convenablement représentée au Palais du Champ de Mars, et après un examen attentif des productions qu'elle y a fait figurer, comparées à celles des autres nations, on est convaincu qu'avec le temps et de nouveaux efforts, elle sera bientôt en mesure de conquérir une place importante sur les marchés de la métropole et dans les échanges internationaux.

Dès aujourd'hui les documents de la douane constatent qu'elle tient le dixième rang parmi les pays chez lesquels la France s'approvisionne, le septième parmi ceux chez lesquels elle fait des exportations. Nous y voyons aussi que ses relations déjà ouvertes avec les pays étrangers prennent chaque année plus d'importance.

En passant successivement en revue les denrées et matières premières que l'Europe va demander à des contrées éloignées, et que l'Algérie pourrait lui fournir, nous ferons tour à tour ressortir et les ressources que l'on pourrait tirer de ce sol si riche et de ce climat exceptionnel, et les causes qui ont retardé jusqu'à ce jour le développement de cette richesse.

Parmi ces produits, nous citerons tout d'abord, et à titre de nomenclature : les céréales (blé, orge, avoine, maïs) et leurs dérivés, les farines et les pâtes ; — les légumes frais et tout ce qui tient au jardinage ; — les légumes secs; — les fruits frais (oranges, citrons, bananes, goyaves et autres) ; — les fruits secs (dattes, figues, raisins, fruits tapés) ; — les vins ; — les huiles d'olive et autres, et les graines oléagineuses ; — les lins pour la filasse et pour la graine ; — les tabacs ; — les soies ; — les cotons ; — les fleurs médicinales ; — les essences ; — les animaux de boucherie (bœufs, moutons et porcs) ; — les chevaux ; — les cuirs; — les laines ; — les crins ; — le crin végétal ; — les plumes d'autruche ; — les bois ; — les liéges.

Céréales. — Il est incontestable que la France et l'Angleterre ne produisent pas, année moyenne, les céréales nécessaires à leur consommation et qu'elles font incessamment appel, la dernière surtout, à l'importation. D'après les relevés de la douane, la France a importé en céréales dans ces dernières années :

<pre>
        en 1862 pour 199,600,000 fr.
        en 1863   —   104,700,000
        en 1864   —   69,500,000
        en 1865   —   60,200,000
</pre>

Et l'Algérie a fourni à la France :

<pre>
        en 1862 pour   3,695,297 fr.
        en 1863   —   5,591,509
        en 1864   —   12,003,427
        en 1865   —   7,482,418
</pre>

L'Angleterre, qui a des besoins plus grands encore, a commencé pour y pourvoir à prendre la route de l'Algérie ; il ne faut que la lui faciliter pour qu'elle la fréquente davantage, et c'est, on doit l'espérer, le résultat qu'amèneront certainement les récentes réformes douanières.

L'Angleterre a acheté en Algérie :

En 1864 pour 3,853,240 fr. d'orge ;
3,165,573   de blé ;   }   7,191,873 fr.
173,060   de farine.)

En 1865 pour 1,734,020 fr. d'orge ;
2,516,120   de blé ;   }   5,074,420 fr.
824,280   de farine.)

Quelle contrée se trouve mieux en mesure d'approvisionner ces deux grands pays que l'Algérie, lorsque cet ancien grenier de Rome se trouvera dans des conditions économiques facilitant tout à la fois la culture et le commerce?

Mais la France et l'Angleterre ne sont pas les seuls pays de l'Europe qui aient recours à l'Algérie pour leurs approvisionnements en céréales. L'Italie lui en achetait :

En 1862, — 25,150 quintaux métriques, soit en prenant pour base du prix du quintal métrique, le chiffre moyen de 26 fr. — 653,900 fr.
En 1863, — 22,214 — — dº — — 574,564
En 1864, — 128,515 — — dº — — 3,341,390
En 1865, — 99,060 — — dº — — 2,575,560

L'Espagne et la Belgique s'adressent également à elle.

Pour approvisionner ces divers pays, les blés de l'Algérie ont sur ceux de la mer Noire, leurs concurrents, un avantage considérable : l'économie du transport. Dans certains cas, ils présentent un autre motif de préférence résultant de leur précocité : ils peuvent être amenés en France et en Angleterre bien avant l'époque des moissons dans ces deux pays et venir ainsi, dans les années de pénurie, ajouter leur contingent aux approvisionnements de l'Europe, avant que celle-ci ait pu réaliser ses nouvelles récoltes.

Nos blés jouissent d'ailleurs dans le commerce d'une faveur particulière à cause de la proportion considérable de gluten qu'ils contiennent.

Les blés tendres sont appréciés par la boulangerie de luxe ; les blés durs sont recherchés pour la fabrication des pâtes, et cette seule spécialité, pour laquelle ils trouvent peu de concurrence, leur assurerait déjà un large débouché, s'il n'était parfaitement admis qu'ils entrent avec avantage comme mélange avec du blé tendre pour la fabrication du pain.

Il serait trop long de passer ici en revue les nombreux échantillons de blé que l'Algérie a présentés à l'Exposition. On y voit des blés durs qui pèsent jusqu'à 87 kilogrammes à l'hectolitre : ce chiffre dispense de tous commentaires.

Légumes frais et Horticulture. — Si nos céréales sont recherchées sur tous les grands marchés de l'Europe, les mêmes débouchés sont ouverts à nos légumes frais, à nos fruits et à nos légumes secs. On peut même dire que sous ce rapport une consommation toujours croissante leur est assurée par suite de la rapidité avec laquelle le confort et le bien-être tendent à se vulgariser au sein des populations européennes.

L'horticulture, envisagée d'une manière générale, occupe une place de plus en plus large dans les pays civilisés ; elle est appelée naturellement à prendre une grande importance en Algérie.

Elle doit d'abord satisfaire aux besoins de la population locale ; puis, à raison de la position géographique du pays et des propriétés particulières de son climat, elle peut alimenter un commerce actif par l'exportation de ses excédants, sous forme de primeurs et de productions exotiques, qui ne peuvent s'obtenir aussi avantageusement sur le continent européen.

Il s'est créé sur le territoire des villes algériennes des cultures maraîchères qui laissent peu à désirer. Les populations urbaines sont abondamment approvisionnées de légumes frais, et n'ont rien, sous ce rapport, à envier aux cités de la mère-patrie. Mais les populations rurales sont moins bien partagées. On voit un grand nombre d'exploitations agricoles, qui, non-seulement n'ont pas un coin de jardin potager, mais n'ont pas même un seul légume planté ou semé. Il faut alors ou se priver de cette alimentation économique autant qu'hygiènique, ou aller s'approvisionner au marché le plus voisin, presque toujours situé à une assez grande distance. Il y a ici défaut de prévoyance et de calcul. Le profit et le bien-être, dans une exploitation rurale, se retrouvent plus encore dans les petites ressources que l'on sait créer sur place que dans la vente exclusive de productions dont le prix est ensuite employé à acheter chèrement les denrées indispensables à l'entretien de la famille.

Parmi les encouragements donnés à l'Agriculture, en France, figurent des primes spéciales affectées à la meilleure tenue des jardins potagers et fruitiers dans les exploitations agricoles. Il semblerait utile que des encouragements de ce genre fussent accordés en Algérie.

Les Indigènes ont un système d'alimentation assez différent du nôtre. — Ils cultivent depuis longtemps la plupart de nos espèces de plantes potagères ; mais la culture potagère n'est pas générale chez eux, et la plupart ne consomment pas de légumes ou n'en consomment que tout-à-fait exceptionnellement. — Les cultures potagères indigènes sont limitées à certaines localités privilégiées, et les produits, en quantités d'ailleurs assez restreintes, sont portés à dos de mulet sur les marchés environnants.

Les Indigènes observent deux saisons culturales pour l'exploitation de leurs potagers. Pendant la saison pluvieuse, sous la seule influence des circonstances naturelles, et sans le secours des irrigations, ils obtiennent des choux, des artichauts tardifs, des navets, des oignons. Pendant l'été, et avec l'aide des irrigations, ils obtiennent une grande quantité de cucurbitacées : des melons à écorce blanche et verte, que nous nommons melons de Chypre et melons d'Espagne, des pastèques, des concombres, deux ou trois variétés de piments, du gombo ou meloukkia.

Les Indigènes semblent être en possession des espèces potagères qui peuvent suffire à leurs besoins actuels. Si, avertis par notre exemple, ils viennent à modifier ou à améliorer de proche en proche leur régime alimentaire, ils pourront alors nous emprunter les espèces et variétés que nous introduisons et qui sont le mieux appropriées au climat.

Cependant il serait bon de leur recommander et de s'efforcer de leur faire adopter la culture des tubercules. Déjà l'administration a fait beaucoup dans ce but pour l'introduction de la pomme de terre. Sur quelques points des territoires montagneux, d'excellents résultats ont été obtenus. Il est à désirer qu'ils se généralisent, préparant ainsi des ressources destinées à l'extrême pénurie des Indigènes, lorsque dans les années de sécheresse leurs récoltes sont insuffisantes, ce qui est malheureusement le cas de l'année présente.

Aux pommes de terre peuvent s'ajouter, sur un grand nombre de points de l'Algérie, les patates et les ignames, qui sont d'un si grand secours pour les populations laborieuses des régions tropicales. Ces précieuses ressources alimentaires ne sont pas emportées par les ouragans, comme les récoltes aériennes ; elles résistent mieux aux attaques des insectes migrateurs.

Il est un point qui mérite particulièrement d'être étudié, c'est celui de la conservation des pommes de terre après leur arrachage. On arrive bien à les conserver pour la reproduction, en les maintenant à l'air, au sec, par couches minces, dans des greniers ou sous des hangars ; mais bientôt, dans cette situation, elles verdissent et ne sont plus comestibles. Il y a à trouver un système d'ensilage au sec et à une basse température qui permette de conserver le tubercule sans qu'il perde rien de ses propriétés nutritives. C'est un problème important digne de fixer l'attention des agronomes et des savants.

Légumes à cultiver pour l'exportation. — Primeurs. La douceur du climat algérien permet d'obtenir, dans les cultures ordinaires, une foule de produits potagers qui se développent alors que les frimas condamnent la terre au repos dans les contrées plus septentrionales. La végétation algérienne est, à cet égard, en avance de deux à trois mois sur celle du centre de la France, d'un mois et plus sur les pays qui bordent la Méditerranée.

Les espèces qui jusqu'ici ont été le plus avantageusement cultivées pour l'exportation sont les pois, les haricots, les artichauts et les pommes de terre.

Les pois et les pommes de terre sont semés dès les premières pluies d'automne, et ils se développent à la faveur de l'humidité naturelle, sans qu'il soit nécessaire de les placer dans des terrains irrigables. Les coteaux de Mustapha, du Fort l'Empereur, de la Boudzaréah et beaucoup d'autres, aux environs d'Alger, autrefois inutilisés pour ainsi dire, sont chaque année couverts de ces cultures.

Les haricots sont semés plus tard, en février, et dans des terrains un peu plus abrités. Quant aux artichauts, il leur faut des terres basses et profondes. On cultive encore comme primeurs les aubergines, les tomates, les concombres et les giraumons ; mais ces plantes ne sortent pas du cadre du jardin arrosé ; des abris en paille, judicieusement combinés, préservent les jeunes plants des intempéries.

La culture des primeurs ne peut être avantageusement faite que sur le littoral, parce que la température y est infiniment plus douce que dans l'intérieur des terres. Il faut en outre qu'elle soit établie dans un rayon peu éloigné du port d'embarquement, pour que les produits puissent être expédiés immédiatement après la cueillette, dans toute leur fraîcheur. Enfin il est avantageux d'être placé non loin des villes, afin de pouvoir se procurer économiquement les engrais indispensables à ces cultures.

Pendant l'année 1864, et d'après les derniers renseignements statistiques fournis par le tableau de la situation des établissements français en Algérie, ce pays n'a pas importé de légumes frais ni de primeurs.

L'exportation de ces mêmes produits a été pour la même année de 674,429 kilog., d'une valeur de 101,164 francs.

En 1863, cette exportation avait été seulement de 430,026 kilogr., d'une valeur de 64,504 francs.

Il y a donc eu pour une seule année une augmentation de 36,660 francs.

Le prix moyen des légumes frais ou primeurs sur place est de 0 f. 15 c. le kilog. ou 15 francs les 100 kilogrammes.

Ces denrées sont ordinairement expédiées en petite vitesse du chemin de fer.

Il nous paraît utile d'indiquer, comme élément d'appréciation, le prix de revient de leur transport d'Alger à Paris, par 100 kilog., quantité qu'il faut prendre pour type, car il est rare qu'on ait à expédier en une seule fois une tonne de 1,000 kilogrammes de primeurs.

Voici ce prix en moyenne :

Fret.	3 fr.	00
Frais de place.	1	00
Port en gare.	1	50
Emballeur.	1	00
Port de lettre et affranch[t].	»	20
Chemin de fer.	9	50
Total.	16	20

Il y a certainement d'autres frais qui nous échappent et qui ne peuvent être reproduits ici ; mais on peut tenir pour certain que le chiffre de 16 fr. 20 de frais par 100 kilogrammes en petite vitesse est le chiffre *minimum*.

Le producteur algérien et le consommateur européen sont également intéressés à faire adopter des conditions de transport plus avantageuses.

Légumes secs. — Les légumes secs ne sont pas exposés, au point de vue des transports, aux mêmes inconvénients que les légumes frais ; ils ont d'ailleurs des qualités qui les feront apprécier, dès que leur production aura pris tout son développement.

Les agriculteurs algériens ne leur ont peut-être pas accordé jusqu'à ce jour une attention suffisante, et ils ont souvent demandé à des cultures industrielles, à des cultures autres que celles usitées dans la mère-patrie, des bénéfices que les légumes secs leur auraient donné plus facilement et à moins de frais.

Il est tout naturel qu'en arrivant dans une région nouvelle, sous un ciel qui facilite des cultures impossibles ailleurs, l'agriculteur soit amené à chercher des produits nouveaux, et qu'il ne soit pas immédiatement frappé des avantages qu'assurent un sol et un climat exceptionnels aux cultures pratiquées dans le pays qu'il a quitté.

Cependant les légumes secs, les haricots et les pois en première ligne, donnent en Algérie de très bons rendements, avec une main-d'œuvre comparativement peu importante ; ils réussissent généralement bien ; ils sont farineux et d'une cuisson facile.

Jusqu'ici l'Algérie a fait avec l'Europe des échanges presque équivalents. Elle a acheté à l'Espagne, à l'Italie et à quelques autres pays des approvisionnements qui deviennent chaque année moins considérables , ce qui prouve qu'elle en produit chaque année davantage elle-même et qu'elle tend à s'affranchir de ce tribut.

Elle en a vendu en Angleterre :

En 1864 pour 814,528 francs.
1865 — 689,438.

Non seulement elle peut fournir beaucoup de légumes secs à cette dernière puissance, mais encore à la France, qui en achetait à l'étranger :

En 1862 pour 5,699,186 francs.
1863 — 4,466,546
1864 — 5,657,438
1865 — 6,682,262.

La comparaison que nous avons pu faire des légumes envoyés à l'Exposition par les différents pays qui sont en concurrence avec nous pour ces produits, et parmi lesquels viennent en première ligne l'Italie , la Turquie, les villes Anséatiques et l'Espagne , nous a prouvé que notre Colonie n'avait à cet égard aucune rivalité à craindre.

Fruits frais. — L'Algérie produit la plupart des fruits d'Europe, à la condition que les arbres qui les portent soient placés à des altitudes suffisantes, de telle sorte qu'ils subissent un hivernage en rapport avec le tempérament des espèces. C'est dans les massifs de montagnes que ces arbres fruitiers réussissent le mieux, et c'est seulement là, l'expérience nous le démontre, qu'il faut s'efforcer d'en propager la culture. Mais cette production ne peut avoir d'utilité que pour la consommation locale ; elle ne peut donner un aliment sérieux au commerce d'exportation, ayant à lutter avec la production européenne qui est bien autrement importante et qui suffit aux consommations locales.

Dans cette catégorie des arbres fruitiers nous avons introduit à peu près toutes les meilleures variétés. Les pépinières de l'État ont grandement contribué pour leur part à cette vulgarisation. Les meilleures variétés de poires, de pommes, d'abricots, de prunes, de cerises, de pêches et même de groseilles sur quelques points, se montrent sur nos marchés, timidement encore, il est vrai, mais avec un avantage assuré en concurrence avec les produits durs, coriaces et sans saveur que nous envoie l'Espagne.

L'importation de cette sorte de fruits a été en 1864 de 3,406,780 k. d'une valeur de 1,088,954 francs. En 1863, cette importation était de 4,477,361 kilogrammes, représentant une valeur de 1,270,012 francs, d'où il suit que la production locale aurait augmenté de 181,058 francs dans l'espace d'une année, en supposant que la consommation fût restée stationnaire. Les fruits de cette catégorie ne peuvent guère s'exporter de l'Algérie que comme primeurs et l'exportation, fort limitée d'ailleurs, ne pourra guère s'étendre qu'aux amandes vertes, aux abricots précoces, aux raisins mûrs en juillet.

Mais il n'en est pas de même en ce qui concerne les produits des arbres fruitiers dits exotiques ou de nature tout-à-fait indigène. L'exportation de ces fruits peut devenir pour ainsi dire illimitée.

Comme importance dans la production actuelle, se placent en première ligne les oranges, les citrons et leurs congénères.

Les oranges de l'Algérie sont reconnues meilleures que celles d'Espagne; leur réputation est aujourd'hui parfaitement établie ; à prix égal, elles sont toujours préférées.

Si ces dernières s'écoulent plus facilement, c'est que, par suite des facilités de l'expédition par mer et des faveurs dont elles jouissent en France pour les transports par les chemins de fer, elles peuvent être livrées à plus bas prix.

Les oranges de l'Algérie obtenant les mêmes facilités, et il serait injuste et peu patriotique de le leur refuser, ne coûteraient pas plus cher que celles d'Espagne et elles obtiendraient très certainement la préférence. Les oranges d'Espagne n'ont pour elles qu'un avantage, celui d'arriver en plus grande quantité ; mais du jour où celles d'Algérie obtiendraient les mêmes conditions de transport, elles arriveraient elles-mêmes en nombre aussi considérable, et pour ces produits, comme pour les légumes frais, il est évident que les compagnies compenseraient par l'augmentation des quantités les diminutions introduites dans leurs tarifs.

Alger n'est pas très-sensiblement plus éloigné de Marseille que Valence, la principale contrée de la production espagnole; il n'y a environ qu'un sixième de trajet en plus. Les conditions du transport étant les mêmes, les oranges d'Alger devraient donc ne payer qu'à peu près le même prix.

Nous en arriverons là un peu plus tôt, un peu plus tard, par la force des choses, comme nous l'avons fait pour nos blés. — Mais il dépend des compagnies d'éviter à l'agriculture des lenteurs et des tâtonnements qui se traduisent toujours par des pertes notables; il dépend d'elles que l'Algérie, qui est une portion de la France, atteigne le plus tôt possible l'importance et la richesse auxquelles elle est appelée.

Les oranges de l'Algérie rencontreront également en France la concurrence de l'Italie, ainsi que le prouve le tableau suivant extrait des documents de la Douane; mais limitée à la partie la plus méridionale de la France, cette concurrence n'est pas à redouter.

RELEVÉ des importations d'oranges en France.

IMPORTATIONS GÉNÉRALES de l'année		PROVENANCES			
		ITALIE	ALGÉRIE.	ESPAGNE	AUTRES PAYS
1862	16,382,665	3,741,023	313,412	11,798,834	529,396
1863	18,577,090	3,419,784	806,088	13,975,789	375,429
1864	15,759,237	3,332,289	1,144,116	10,826,100	456,732
1865	16,295,393	3,506,743	1,035,841	11,543,016	209,793

Nous ne pouvons qu'insister sur ce singulier état de choses : un pays français, qui produit les meilleures oranges et qui pourrait suffire à l'approvisionnement de la France, est pour ainsi dire écarté du marché métropolitain par des différences de tarifs faites sur les chemins de fer français au profit des étrangers et au détriment des nationaux !

Des débouchés étant assurés à leurs fruits, les Algériens ne sauraient trop multiplier l'oranger, cet arbre aux pommes d'or des anciens; mais qu'ils plantent bien et qu'ils sachent prendre toutes leurs précautions pour s'assurer de la qualité de leurs produits.

Des semis d'orangers francs ne devraient être faits qu'avec des graines provenant des meilleures oranges, et non avec des graines des oranges de rebut, comme on le fait trop souvent. Une pareille pratique est une pauvre économie, faite pour compromettre l'avenir de l'orange algérienne, qui devrait rester sans rivale.

La culture de l'oranger suit en Algérie une progression constante. Voici la situation donnée à cet égard par le dernier tableau des établissements français en Algérie :

	1863	1864	AUGMENTATION
Plantations d'orangers.	2,313	3,096	783
Arbres en rapport.	110,710	130,411	19,701
Arbres ne produisant pas encore.	47,457	72,447	24,990
Fruits exportés.	13,512,625 k.	14,285,580 k.	772,955 k.

Une variété d'oranges connues sous le nom de mandarines prend chaque jour une part plus large dans la production. — Cette orange, par son aspect séduisant, par son délicieux arôme, par sa structure originale, se distingue de toutes les autres, entre avec succès dans la consommation de luxe et parait appelée à une vogue qui ne peut que s'accroître.

C'est pour les mandariniers surtout qu'il faut veiller à la conservation des qualités de l'espèce, qualités que l'on compromet en les greffant sur des sujets autres que le bigaradier ou l'oranger franc.

Souvent pour gagner du temps, ou dans l'espoir d'obtenir des fruits plus gros, on propage le mandarinier en le greffant sur le citronnier, le cédratier, ou sur chinois : on n'obtient ainsi que de mauvais fruits dépourvus de jus et de parfum.

La culture du bananier prend aussi chaque année plus d'importance. Le bananier est originaire des régions intertropicales. — Sa culture en Algérie ne réussit réellement bien et ne donne des produits lucratifs que tout-à-fait sur le littoral, à peu de distance de la mer et à peu d'élévation au-dessus de son niveau. Ce n'est pas que le bananier ait besoin de l'air de la mer pour prospérer, mais c'est là qu'il trouve la somme de chaleur la plus élevée en même temps que la température la moins variable. Le bananier veut une culture très-soignée, une terre profondément défoncée, des engrais en quantité et des irrigations abondantes pendant l'été.

Le bananier, il y a vingt ans à peine, n'était guère cultivé qu'au jardin d'acclimatation d'une manière industrielle. Peu à peu les maraîchers des environs suivant l'exemple qu'ils avaient sous les yeux ont planté des bananiers, et de son côté le public s'est mis à aimer leurs fruits dont il n'a pas tardé à apprécier les qualités savoureuses aussitôt qu'ils ont été produits dans de bonnes conditions. — La banane se voit maintenant à Alger sur toutes les tables un peu aisées, et l'exportation qui depuis quelque temps en est faite tend à prendre un développement de plus en plus considérable.

Il n'est pas un maraîcher du Hamma qui n'ait dans son jardin une plantation de bananiers en étendue proportionnée à la quantité d'eau dont il dispose. Les bananes sont vendues par ces jardiniers cinq centimes la pièce, et quelquefois, dans les moments d'abondance, dix centimes les trois fruits. — L'hectare produit dans l'espace d'une année de soixante-dix mille à cent mille bananes, et le produit brut varie de 3,500 à 5,000 francs.

Ce qui se passe au Hamma peut être répété sur le bord de la mer, depuis la frontière de Tunis jusqu'à celle de Maroc, partout où la terre est basse et fertile, et où se trouvent réunis des moyens suffisants d'irrigation.

Les bananes s'expédient avec la plus grande facilité; on les emballe par régimes entiers dans des paniers. — Elles sont très-recherchées en toute saison à Paris et dans toutes les grandes villes. Elles pourront parvenir en bon état en Angleterre et même dans toute l'Allemagne, si les conditions de transport sont améliorées.

D'autres espèces de fruits exotiques deviendront des produits également avantageux, dès que la culture les aura vulgarisées.

Quelques-unes, sorties du jardin d'acclimatation, sont dès aujourd'hui cultivées dans un certain nombre de jardins particuliers ; d'autres sont à l'état d'essai dans les carrés de cet établissement ; d'autres enfin sont encore à introduire.

Ainsi, la goyave paraît depuis quelques années sur les marchés d'Alger, quoique moins recherchée que la banane. Elle peut supporter comme elle un voyage de quatre à cinq jours. — Le goyavier, sur le littoral, fructifie avec une abondance surprenante et sa culture est des plus faciles.

Il est deux autres espèces dont les fruits sont très-estimés, qui fructifient au jardin d'acclimatation et dont cet établissement a livré depuis quelques années un certain nombre de plants aux particuliers. Ce sont : l'anone, *Anona cherimolia,* et l'avocatier, *Persea gratissima.*

Les fruits de ces deux espèces peuvent aisément supporter des voyages de quatre à cinq jours, et conséquemment être exportés.

D'autres espèces sont encore en voie d'acclimatation et donnent les meilleures espérances de réussite : nous citerons notamment le *lougan,* de la famille des sapindacés, dont les fruits, gros comme une prune et disposés en grappes, ont une saveur délicieuse ; — le *sapotillier,* dont les produits sont si estimés des créoles ; — le *wampi* des Japonais, qui donne de petites oranges très-chargées d'arôme et disposées en grappes, et beaucoup d'autres qu'il serait trop long d'énumérer. Des plants de ces espèces sont mis en vente par l'établissement du Hamma.

Les exportations de fruits frais pendant l'année 1864 (tableau de la situation des établissements français en Algérie), sont de 1,301,663 kilog., d'une valeur de 619,296 fr.

En 1863, cette exportation était de 1,030,460 kilog., d'une valeur de 489,870 fr. Il y a eu en un an 129,426 francs d'augmentation.

Cette exportation de fruits repose principalement sur les oranges et les bananes.

La valeur moyenne de ces fruits à l'exportation est de 47 c. le kilog.

Les oranges et les citrons voyagent ordinairement en petite vitesse du chemin de fer, et le prix de transport est à peu près comme pour

les légumes frais, de 9 fr. 50 par cent kilogrammes. — Mais les bananes devant voyager en grande vitesse, le prix du transport s'élève
à 24 fr. 55 c. par cent kilog. de Marseille à Paris, de gare en gare.

Le fret, pour les fruits d'Alger à Marseille, est de 5 fr. par 100 kil.
au lieu de 3 fr. que payent les légumes frais. — Entre 50 et 100
kilogrammes on paie comme pour 100 kilog.

Ces fruits, pas plus que les primeurs, ne comportent des expédi-
tions en grandes masses ; les envois ne peuvent se faire que par frac-
tions multipliées, et ils sont alors considérés au transport comme
faits accidentels et sont frappés de frais beaucoup trop élevés. — Par
exemple deux paniers de bananes ayant coûté, emballage compris,
50 francs, et pesant en moyenne 85 kilogr., arrivent d'Alger à
Paris au prix de 42 fr. 55 c. — A 7 fr. 45 c. près, le prix du transport égale la valeur de la marchandise.

Nous ne pouvons que répéter que l'exportation des primeurs et
fruits frais de l'Algérie pourrait donner lieu à des affaires d'une
notable importance, si les transports étaient moins coûteux et plus
équitablement réglés et si le transit avait une meilleure direction.

Fruits secs. — Nos fruits secs, parmi lesquels les dattes et
les figues jouent jusqu'à présent le plus grand rôle, ne sont pas
soumis aux mêmes nécessités de conservation et de rapidité de
transport que les fruits frais ; leur écoulement ne demande pour
devenir important que des facilités de relations et l'application de
meilleurs procédés de préparation.

Aux dattes et aux figues, il est facile de joindre les fruits tapés et
surtout les raisins secs dont l'Espagne, la Grèce et la Turquie font un
important commerce.

Le climat de l'Algérie se prête admirablement à cette production,
tant au point de vue de la culture qu'à celui de la dessiccation ; les
nombreux Espagnols qui sont en Algérie peuvent servir de guides
pour le choix des plants et pour la préparation des fruits.

La Grèce a exposé des raisins de Corinthe et de Sultamine, provenant de la commune et de l'arrondissement de Nauplie, qui ont le
plus agréable aspect. Nous avons vivement regretté de ne pouvoir nous

procurer des renseignements sur leur préparation et le choix des cépages.

L'Algérie vend annuellement à la France pour 800,000 francs de fruits secs ; mais celle-ci a des besoins plus considérables, car elle achetait :

ANNÉES	RAISINS SECS	AUTRES FRUITS	TOTAL
	francs	francs	francs
1862	6,908,100	3,412,380	10,320,480
1863	5,690,188	2,604,715	8,294,903
1864	4,423,765	3,625,959	8,049,724
1865	4,257,145	5,181,273	9,438,418

De son côté, l'Algérie achète annuellement pour 300,000 francs de fruits secs, parmi lesquels les raisins sont comptés pour la majeure partie. Non seulement elle peut s'affranchir de ce tribut, mais encore approvisionner les marchés de la France, de l'Angleterre et de la Belgique.

L'écoulement facile de la figue et de la datte peut avoir en Algérie une grande importance au triple point de vue du commerce, de l'amélioration du bien-être des Indigènes et de la salubrité du pays.

Le figuier est l'arbre des terrains secs, et réussit parfaitement dans les contrées de l'Algérie qui conviennent à sa végétation ; il donne de l'ombre et de la fraîcheur là où peu d'autres arbres pourraient prospérer.

Le palmier est l'arbre du Sud , l'arbre des contrées sablonneuses ; sa culture est presque limitée aux besoins des populations dont la datte est la principale nourriture. Mais le jour où en dehors de l'alimentation des familles le fruit du dattier deviendra pour l'Indigène un objet de commerce et de profits certains, les plantations se multiplieront, et en même temps les irrigations qu'on obtient dans presque toute cette région par un simple forage de la couche de sable. L'étendue des terres cultivées s'augmentera et fera disparaître peu à peu cette zône aujourd'hui brûlée par le soleil et frappée de stérilité.

La préparation de ces divers produits serait une industrie facile pour les Indigènes. Les femmes arabes elles-mêmes y trouveraient une occupation.

Les Kabyles font déjà un grand commerce de figues qu'ils sèchent et préparent très-bien. La dessication des raisins n'offre pas pour eux plus de difficultés. Tous ces travaux se font en famille, sans déplacement et sans fatigue. Ils ne réclament que de l'attention.

Les Vins. — Le problème de la bonne production du vin est étudié sur tous les points en Algérie, mais il ne paraît pas encore résolu.

Qu'y deviendront les vignes ? A quelles alternatives seront-elles soumises à cause du climat ? Quel choix de cépages faudra-t-il faire ? Comment convient-il de planter ? Quelles seront les qualités du vin ? Ce vin pourra-t-il se conserver et supporter le transport ? En concurrence de quels autres vins se produira-t-il ?

Voilà autant de questions auxquelles quelques planteurs croient déjà pouvoir répondre sans que l'expérience ait rien sanctionné encore. Jusqu'ici, en moyenne, les vignes rapportent moins en Algérie qu'en France. — Elles y exigent beaucoup de main-d'œuvre à cause de l'inexpérience des ouvriers et de la nécessité de sarclages répétés, et s'il s'est produit quelques vins de dessert et de liqueur comparables à ceux d'Espagne, il ne paraît pas que les viticulteurs algériens soient sortis de la période des tâtonnements. Cependant le progrès se fait tous les jours et la pratique amène de sensibles améliorations. Les nombreux échantillons qui figurent à l'Exposition Universelle, l'importance de la plupart des exploitations, l'ardeur incontestable que l'on apporte de toutes parts à résoudre le problème, ne permettent pas de douter qu'il sera prochainement résolu.

Les planteurs savent que de longtemps, et à moins de découvrir des plants inconnus, ils ne doivent pas compter sur l'exportation. Où trouveraient-ils en effet le placement de leurs vins? Ce ne pourrait être sur le marché français, puisque la France en fournirait au monde entier; ni en Espagne, ni en Italie, puisque ces pays produisent au-delà de leur consommation et en vendent actuellement à l'Algérie pour plus d'un million et demi; ni même en Angleterre où nos vins de France ont déjà quelque peine à s'écouler; mais la consommation locale leur offre un marché à leur portée et tel qu'il dépassera longtemps encore les forces de la production.

Le sol et le climat de l'Algérie conviennent également à la vigne. — Elle n'y est contrariée sur quelques points que par le sirocco, qui, lorsqu'il souffle longtemps avec violence, dessèche ses feuilles et même ses fruits. Mais ce qui retarde les plantations, c'est surtout la dépense qu'elles occasionnent. On sait dans toutes les contrées viticoles combien sont considérables les frais qu'exigent les plantations de vignes et surtout l'accessoire de leur exploitation : caves, cuves, pressoirs, foudres, tonnellerie, etc. — Il faudra longtemps pour créer en Algérie l'une des productions qui exigent le plus de capitaux accumulés.

La Colonie a le plus grand intérêt à cultiver la vigne et elle doit s'efforcer de conserver chez elle les huit millions qu'elle dépense annuellement en achats de vins. En admettant qu'elle n'obtienne pas des vins de qualité supérieure, ceux qu'elle produit valent déjà mieux que la plupart de ceux qu'elle achète au dehors; car il faut bien le dire, les pays qui tiennent le plus à lui vendre se montrent assez généralement peu scrupuleux sur les qualités des produits qu'ils lui apportent.

Les vins de l'Algérie ont de la force; ils sont alcooliques; à mesure que l'expérience indiquera les meilleurs procédés de culture et de vinification, ils ne pourront que s'améliorer. Déjà ceux de quelques propriétaires ont fait concevoir beaucoup d'espérance, et certaines localités se signalent par de bonnes productions. Les vins blancs de Médéah et de Mascara, par exemple, sont très-estimés. — Quelques-uns de ses vins rouges ne le sont pas moins. Les Trappistes de Staouéli, près d'Alger, font un vin de liqueur très-remarquable et très-apprécié. Ces vins de liqueur et les vins dans le genre des vins doux d'Espagne, sont ceux qui paraissent devoir le plus tôt entrer dans la spécialité de l'Algérie.

Le tableau suivant prouve, par la progression de ses chiffres, que la production locale n'entre pas pour beaucoup dans la consommation, puisque l'importation augmente dans des proportions plus grandes que ne s'accroît la population.

En 1862, la France fournissait à l'Algérie . .   236,551 hect.
En 1863   271,199
En 1864   302,880
En 1865   352,029

c'est-à-dire, en 1865, moitié plus qu'en 1862 ; quarante-neuf pour cent d'augmentation en trois ans.

Il est bon cependant de faire remarquer que cette augmentation de quantité correspond à une diminution notable dans les prix, par suite de la disparition ou de l'atténuation de la maladie de la vigne.

En ajoutant à ce que fournit la France les produits que lui apportent l'Espagne et l'Italie, l'importation atteint en Algérie quatre cent vingt mille hectolitres (420,000). Quel meilleur encouragement peut-on offrir à la production locale?

Huiles. — Parmi les produits qui paraissent destinés à marquer dans un avenir prochain les progrès de la colonisation algérienne, les huiles d'olive tiennent le premier rang. — C'est grâce à sa Colonie méditerranéenne que la France pourra lutter avantageusement sous ce rapport avec l'Italie, l'Espagne, la régence de Tunis et la Grèce, ses seules rivales.

Il était donc d'un haut intérêt de constater l'état présent de cette culture industrielle, ainsi que les résultats actuellement obtenus.

Les enseignements que nous pourrons demander à l'expérience des pays qui nous ont précédé dans cette industrie seront pour l'Algérie d'autant plus précieux que notre Colonie présente sur la plupart des contrées agricoles ce grand avantage, qu'exempte de tout esprit de routine, elle forme un vaste champ librement ouvert à tous les progrès.

Cette facilité qu'elle offre d'avance à la pratique de tous les perfectionnements demandait à être signalée, et l'industrie des huiles a eu dans le midi de l'Europe tant à souffrir des préjugés de l'ignorance, la qualité des huiles dépend si étroitement non seulement de la haute température du climat qui les produit, mais encore des soins éclairés apportés à leur fabrication, que nous pouvons dès aujourd'hui et sans hésiter promettre à l'Algérie, si elle étudie et adopte les bonnes méthodes, le premier rang dans un avenir peu éloigné.

Les huiles algériennes avaient été fort remarquées, dès l'année 1862, à l'exposition de Londres : elles paraissent cette année avoir également été appréciées par le Jury international, et avoir obtenu non moins de succès sans que cependant on ait constaté un progrès bien sensible. — Ce temps d'arrêt s'explique par la nature des produits qui ont concouru : les chaleurs exceptionnelles de l'année 1865 et les incendies multipliés qui ont pour ainsi dire ravagé une grande partie de la Colonie, ont compromis la récolte courante et détérioré les approvisionnements des récoltes antérieures. — Ajoutons que l'Algérie atteinte par un nouveau fléau a vu en 1866 l'invasion des sauterelles ruiner ses oliviers et ne laisser après elle que des fruits mal venus, éléments plus que médiocres pour la fabrication des huiles.

Il importait de constater ces faits pour apprécier avec équité l'apparence de stagnation de cette riche industrie de notre Colonie.

Le climat de l'Algérie est admirablement approprié à la végétation de l'olivier qui s'y rencontre partout à l'état indigène.

L'olivier pousse en Algérie dans tous les terrains où la dent des bestiaux ne vient pas anéantir l'arbuste naissant. On le trouve dans les broussailles, en brins innombrables. On en voit aussi qui, protégés par le hasard, ou par leur situation, sont devenus des arbres présentant les plus grandes dimensions et paraissant dater de plusieurs siècles.

Ces oliviers restés sauvages, dont l'exploitation ne laisse pas que d'être asez difficile, offrent à la greffe un grand nombre de sujets, qui, ainsi transformés, peuvent accroître la richesse de l'Algérie dans une proportion presque sans limite.

L'olivier se multiplie aussi par voie de semis ou de boutures, et nous ne pouvons qu'appeler l'attention sur les heureux résultats qui paraissent avoir été obtenus par cette dernière méthode.

Quant à la greffe des sauvageons, on est aujourd'hui d'accord pour reconnaître que le meilleur mode consiste à couronner le sujet et à introduire de très larges écussons entre l'écorce et l'aubier.

Le nombre des sauvageons restant à greffer en Algérie étant encore presque incalculable, il serait peut-être utile de résumer ce que l'expérience a pu enseigner à cet égard. Tout ce que nous pouvons dire ici c'est que l'on greffe en général trop haut, que la hauteur de 1 m. 20 c. a été reconnue préférable et qu'il vaut mieux couronner le tronc que les branches.

L'olivier paraît en Algérie, dans certaines contrées voisines de la mer, donner assez difficilement des produits. La végétation de l'arbre est belle, mais il y a peu ou point de fruits. Il ne paraît pas qu'on se soit jamais rendu exactement compte des localités où ce phénomène se produit, et il y aurait là matière à une enquête intéressante.

Généralement parlant, une distance de la mer d'environ 8 à 10 lieues paraît être nécessaire pour que le fruit communique à son huile des qualités comestibles exceptionnelles. Ce besoin d'altitude n'est point particulier en Algérie, et l'observation l'a également fait constater en France : Il suffit de citer l'incontestable supériorité des huiles d'Aix sur celles de Grasse et de Toulon. Sans parler des olives destinées à être conservées pour la table dans la saumure, nous possédons en Algérie diverses variétés propres à la fabrication de l'huile. Ces variétés proviennent généralement des greffes fournies autrefois par les pépinières du midi de la France, sans désignations bien précises, et l'expérience n'a pas appris aux colons d'une manière bien nette ce qu'ils peuvent attendre de chacune d'elles. Nous citerons comme les principales :

1° L'olive dite *hâtive* qui tourne au noir de fort bonne heure et est de grosseur moyenne.

2° L'olive dite *blanquette*, de petite dimension, mais remarquable par l'abondance de ses fruits et la petitesse de ses feuilles : on serait porté à confondre cette olive avec les blanquettes du nord de l'Italie, si les produits présentaient comme ceux de ces dernières le caractère d'insipidité recherché par les palais habitués aux huiles du Nord.

3° L'olive *tendre* qui tourne au noir difficilement et s'écrase sous les doigts avant d'avoir pris de la couleur.

4° L'olive *noire allongée*, dont le feuillage est plus allongé que les précédents, mais qui se fait remarquer par la bonne forme plutôt que par l'abondance de ses produits.

Il serait à désirer qu'une enquête sérieuse pût être faite avec le concours des colons qui les premiers ont expérimenté les variétés existantes, pour arriver à connaître :

Les noms scientifiques de ces variétés ;

Les espèces que l'Algérie ne possède pas ;

Les qualités généralement attribuées à chacune d'elles ;

Enfin la réponse précise à cette question : l'Algérie possède-t-elle ou non les olives dites blanquettes d'Italie ?

Des recherches individuelles ont déjà été tentées dans ce sens, mais elles ne paraissent pas avoir abouti, et le concours du gouvernement serait de nature à faciliter la solution d'un problème qui intéresse à un haut degré l'avenir industriel de l'Algérie.

Ce qu'on peut entrevoir dès aujourd'hui, c'est que les contrées les plus voisines du littoral dont l'huile pêche un peu par la finesse et par le goût seront intéressées à préférer les variétés qui pourront leur assurer une production très abondante, et que les vallées situées dans l'intérieur feront choix des espèces particulièrement appréciées pour la qualité exceptionnelle de leurs crûs.

Le principal, on pourrait dire le seul obstacle que rencontrent aujourd'hui ceux qui ont cherché à introduire en Algérie l'exploitation de l'olivier consiste dans un certain goût de terroir qu'on reproche à leurs huiles, et qu'il ne faut pas confondre avec le mauvais goût des huiles préparées sans soins ou avec des fruits rances. Ce goût de terroir est-il la conséquence d'un sol encore sauvage auquel l'homme a laissé sa crudité séculaire, ou bien faut-il y voir les effets d'une température excessive dont les ardeurs auraient besoin d'être corrigées par d'abondantes irrigations ?

On serait tenté de croire à la réalité de ces deux causes, si l'on réfléchit que les oliviers se comportent mieux dans les plaines soumises à la culture que dans les coteaux inattaqués, et que les deux dernières années, particulièrement signalées par l'élévation de la température, ont donné des produits inférieurs à ceux des années ordinaires.

S'il en est ainsi, on ne saurait réclamer avec trop d'insistance la création de barrages dans les vallées qui se font, comme celle de la Seybouse par exemple, particulièrement remarquer par le développement de leurs olivettes et l'élévation de leur température. — En attendant nous ne pouvons qu'appeler l'attention des colons sur l'importance des fumures qui sont de nature à conserver au sol un peu d'humidité.

La qualité des huiles et leur finesse dépendent en grande partie de la manière dont se fait la cueillette des olives. Les colons paraissent avoir déjà donné beaucoup d'attention à cette étude; mais une expérience plus longue pourra seule leur apprendre à quel moment précis il conviendra de cueillir le fruit. On peut prévoir que ce moment variera suivant les espèces et les localités, chacun cherchant à éviter ce double écueil de cueillir les olives trop vertes, ce qui donne des huiles très-fraîches mais amères, ou de cueillir les fruits trop mûrs, ce qui exagère dans l'huile le goût du terroir et la prédispose à rancir. — Un fait qui est acquis, et que nous constatons ici pour épargner aux nouveaux venus d'inutiles tâtonnements, c'est qu'il faut éviter les mélanges de fruits parvenus à des états de maturité différents, et que la cueillette doit être conduite de telle sorte qu'il ne s'écoule jamais plus de quarante-huit heures entre le moment où le fruit est cueilli et celui où il passe sous la meule du moulin.

Le procécé de cueillette diffère nécessairement suivant le degré de finesse que l'on veut donner aux huiles. — Dans les localités où l'on ne vise qu'à la quantité, on gaule les arbres sans souci du dommage que peuvent en éprouver les récoltes futures. Mais dans les cantons qui visent à la production des grands crûs, la cueillette paraît avoir atteint tous les perfectionnements dont elle est susceptible : elle commence ou cesse suivant l'état favorable de l'atmosphère; les fruits cueillis un à un à la main par des femmes et des enfants munis de petits sacs ne sont pas exposés à être meurtris.

C'est ici le cas de signaler l'aptitude des Indigènes aux travaux de la cueillette et de la fabrication de l'huile, lorsqu'ils sont dirigés et surveillés par des Européens intelligents, et les heureux effets qu'on est en droit d'attendre de l'industrie en général pour faire sortir du contact des deux peuples dans le travail commun les progrès de la civilisation du pays.

La dextérité des femmes et des enfants est évidente; les hommes eux-mêmes, entraînés par l'exemple du travail européen, se départissent à la longue de leurs habitudes d'indolence, en même temps qu'ils donnent à nos ouvriers les favorables enseignements de leur sobriété proverbiale. Une salutaire émulation ne tarde pas à s'établir entre les individus des deux races ; c'est dans ce contact à tous les degrés de l'échelle sociale qu'il faut voir la meilleure garantie de leur union, sinon de leur fusion.

La production des huiles fines d'Algérie a été jusqu'à ce jour très-restreinte. Le commerce n'a guère connu par le passé que des huiles arabes négligemment préparées par les Indigènes avec des fruits avariés. Ces produits, impropres à la consommation en Europe, et bons tout au plus pour la savonnerie, ont, il faut bien le reconnaître, jeté pendant longtemps un notable discrédit sur toutes les huiles de provenance algérienne.

Mais les colons, en s'adonnant courageusement à la formation d'olivettes perfectionnées, sont parvenus à créer un produit qui présente sur les huiles d'olive de la métropole une supériorité résultant d'un climat qui plus doux ménage les arbres en hiver, et, plus ardent en été, élabore la bonne maturité du fruit. Ajoutons que des méthodes plus rationnelles commencent déjà à être suivies par les Indigènes ; tout porte donc à espérer que la culture de l'olivier se répandant de plus en plus dans le pays, ainsi que les meilleurs procédés de fabrication, les huiles algériennes seront appréciées dans le monde entier.

L'Italie est, autant qu'on peut en juger par de simples échantillons et des dégustations isolées, celui des pays étrangers qui peut le mieux lutter avec l'Algérie pour la production des huiles fines. Elle le fait avec d'autant plus d'avantages que ses huiles, insipides et fades, offrent précisément cette absence de goût de fruit que l'on recherche de préférence dans toutes les contrées du Nord. — L'Algérie se trouve, il faut bien le reconnaître, victime en ceci d'un malentendu, et les consommateurs du Nord ne proscriraient pas la vraie saveur, la vraie fraîcheur des huiles avec tant d'acharnement, si le commerce de détail n'avait pas de temps immémorial mis sur le compte d'un prétendu goût de fruit tous les défauts des huiles de seconde qualité et à demi-rances qu'il offrait à la consommation.

Nous avons voulu également établir un parallèle avec les huiles de l'Espagne ; mais soit négligence invétérée, soit préférence inexplicable de la part des habitants de ce pays, nous avons rencontré dans la plupart de leurs huiles un goût rance si prononcé qu'il nous semble douteux qu'elles puissent venir en concurrence avec les nôtres.

Les huiles de la Régence de Tunis paraissent offrir, au point de vue de la production, des ressources et des qualités analogues à celles de la province de Constantine ; il est facile de prévoir que l'industrie de ce pays, aidée par les exemples de nos colons, entrera dans la voie du progrès.

La France importe annuellement des huiles d'olives pour une quantité de 30 à 35 millions de kilogrammes, présentant une valeur d'une quarantaine de millions de francs. Voici le chiffre pour les quatre dernières années connues :

En 1862 . . . . , . .	26,751,720 kilog.
En 1863	22,587,442
En 1864	25,795,952
En 1865	30,933,703.

On voit donc que les besoins à satisfaire sont considérables.

La France a exporté en Algérie :

En 1862	115,988 k.	d'huile d'olives.
En 1863	194,350	d°
En 1864	75,277	d°
En 1865	86,861	d°.

Mais les exportations d'Algérie en France ayant été dans les années correspondantes beaucoup plus considérables, il y aurait lieu de regretter très-vivement ce double mouvement contradictoire et anti-économique, si l'on ne savait que les huiles expédiées d'Algérie en France ont dû être presque en totalité des huiles réservées à l'industrie, tandis que la totalité de celles envoyées par la France à l'Algérie étaient destinées aux besoins de la table à une époque où la production algérienne en était encore sous ce rapport à ses débuts.

Il n'en est pas moins temps d'avertir l'Algérie qu'elle peut maintenant se suffire à elle-même pour tous ses besoins en huiles d'olives, et qu'elle n'a que faire de demander à l'Europe des huiles fines que ses propres colons sont parvenus à fabriquer.

La remise du service maritime de la côte aux Messageries, en facilitant les rapports commerciaux des provinces entre elles, peut désormais venir en aide à cette répartition économique des produits du pays, et nous ne pouvons que faire des vœux pour que la Compagnie des Messageries Impériales soit invitée à adopter des tarifs de faveur qui multiplieront les envois de province à province en les débarrassant de frais exagérés.

Voici quelles ont été les exportations de l'Algérie en huiles d'olives pendant les quatre années que nous avons prises jusqu'ici pour terme de comparaison :

	France	3,354,187	
1862	Angleterre	117,238	3,473,949 k.
	Autres	2,524	
	France	367,328	
1863	Angleterre	725	371,770
	Autres	3,717	
	France	3,841,208	
1864	Angleterre	141,020	4,000,106
	Autres	17,878	
	France	617,888	
1865	Belgique	1,140	620,568.
	Egypte	950	
	Autres	590	

On voit par le tableau qui précède que la France est notre principal marché et que nous lui fournissons à peine la dixième partie de ses besoins.— Quant à la variation très-sensiblesubie d'une année à l'autre par nos exportations, elle s'explique par l'alternance des récoltes qui réduit presque à rien, dans les mauvaises années, le stock disponible en sus des besoins du pays. — Cette question de l'alternance des récoltes, bien que passée en France à l'état de règle admise, ne paraît pas encore bien clairement résolue pour l'Algérie; certaines observations tendraient à infirmer les conclusions du tableau qui précède et à faire admettre une alternance par période de trois années, dont l'une serait moyenne; on admet aussi que sous ce rapport, et à cause de la différence du climat, la Kabylie pourra présenter des résultats différents de ceux du reste du pays. — On a dû se demander s'il ne serait pas possible de tirer un parti restreint, mais profitable encore, du fruit des innombrables oliviers sauvages qui couvrent le sol de notre Colonie. L'expérience a été faite et refaite, mais sans succès.

Il existe pour la préparation des huiles toutes sortes de presses, depuis les presses en bois à levier ou à vis jusqu'aux presses hydrauliques de la plus forte puissance, et qu'on n'emploie guère qu'à la fabrication de l'huile de ressence. Heureusement pour l'Algérie qu'on peut dire qu'une huile d'olives est d'autant plus commune et plus mauvaise qu'il a fallu pour l'obtenir une presse plus énergique; et les colons feront généralement bien de s'en tenir aux presses en fer, avec ou sans guides pour maintenir la verticale de la pile de scortins.

Nous citerons entre autres presses : *la presse à guides,* de Henri Long, constructeur mécanicien à Marseille ; *la presse espagnole* de Pinaguy y Sarvy, représenté par L'Enfant et Alexandre Dévé, 21, rue du Faubourg du Temple, à Paris ; et particulièrement *la presse à manivelles,* de Amador Pfeiffer, représenté par Jules Foucault, avenue de Suffren, 40, à Paris.

Cette presse est annoncée comme pesant 2,000 kilog., donnant 60,000 kilog. de pression et coûtant 1,750 francs.

En terminant cet examen de la situation actuelle de l'industrie des huiles, nous ne pouvons nous empêcher d'appeler ici encore l'attention des Compagnies sur les difficultés considérables que l'élévation exagérée des prix de transport fait naître au détriment de la vulgarisation des huiles algériennes. Lorsqu'une industrie naissante cherche à introduire dans la métropole ses produits ignorés et trop souvent suspects, le premier besoin de cette industrie est de faire aux consommateurs des envois par petites quantités et à titre d'essai, et de faire connaître à ses nouveaux clients le prix de sa marchandise. En l'état des choses, la surélévation des frais de transport est telle qu'elle équivaut pour ainsi dire à une prohibition commerciale, et l'organisation du transit à Marseille est tellement variable qu'il est impossible d'annoncer à l'avance ce que coûtera un colis parti des ports de l'Algérie et rendu à destination dans un point déterminé de la France. Les tarifs des chemins de fer sont fixes ; les nolis trop élevés, surtout pour les petits colis, le sont aussi ; mais ce qui est variable, ce sont les frais accessoires en douane, dans les docks et entre les mains des intermédiaires de Marseille.

Mais est-il bien nécessaire que cette ville, qui est déjà le centre de la production des huiles françaises, reste le grand entrepôt des huiles d'Afrique ? Nous ne le pensons pas, du moins en ce qui concerne ceux de ces produits destinés à l'industrie.

Les huiles d'olive jouent dans les manufactures de laine cardée un rôle très-considérable. Or, ces manufactures se trouvant en général dans le nord de la France, rien n'empêche de prendre pour les huiles, comme on se propose de le faire pour les laines, la place du Havre comme lieu de marché. Ces produits y seraient vendus aux enchères publiques, ce qui mettrait ainsi le producteur en rapport direct avec l'acheteur, et sans qu'il fût nécessaire de recourir de nouveau à des intermédiaires. C'est là une question digne de fixer l'attention des chambres de commerce, des sociétés d'agriculture et du gouvernement.

Lins. — La culture du lin réussit bien en Algérie ; ses produits sont appréciés et recherchés en France, et les belles expositions de la Compagnie de Boufarick et de l'usine de Planchamp près de Philippeville démontrent quels résultats elle peut atteindre.

Il est dès à présent certain qu'elle s'étendra autant que le permettra le développement des usines à teiller, développement que semble garantir la prospérité de celles actuellement existantes.

La culture du lin intéresse tout à la fois l'agriculture, l'industrie, le commerce et la navigation. Les quantités de lin que la France importe chaque année sont considérables :

en 1862 elle en a acheté pour 36,020,033 fr.
en 1863   —   50,824,750
en 1864   —   53,112,196
en 1865   —   92,219,033.

La douane n'ayant pas encore suffisamment distingué les lins d'Algérie des autres matières filamenteuses, nous n'avons pu trouver le chiffre exact de notre exportation ; mais des renseignements que nous avons pu recueillir il résulte qu'elle est d'environ 500,000 k.

En graines de lin, la France a importé :

en 1862   pour   11,905,595 fr.
en 1863   —   12,993,443
en 1864   —   13,295,090
en 1865   —   16,208,705.

A partir de 1864, la douane a tenu compte de ce qu'a expédié l'Algérie et qui s'élève :

pour 1864 à 192,068 kilos valant 76,826 fr.
pour 1865 à 489,633   —   186,071.

Le lin est une des plantes de la flore algérienne ; sa culture est d'autant plus facile à propager qu'elle exige peu de frais et peu de temps ; elle s'accomplit de la semaille à la récolte, dans la période de l'année la plus favorable aux travaux agricoles, dans celle où les bras sont le plus disponibles. La récolte se fait de bonne heure et procure aux agriculteurs leurs premiers bénéfices de l'année, au moment où ils ont le plus besoin d'argent pour le battage et tous les travaux d'été.

Il n'est pas inutile de faire remarquer que les lins récoltés en Algérie conservent dans toute leur pureté, au moins pendant quelques années, les qualités de leurs graines, et que ces graines concourent aujourd'hui avec celles de Riga pour fournir de la semence à un certain nombre d'agriculteurs de France.

Les lins d'Algérie gagneront en qualité à mesure qu'on entrera davantage dans la pratique de cette culture. Les agriculteurs savent combien elle est épuisante ; il n'est pas à craindre qu'ils la fassent revenir trop fréquemment sur les mêmes terres, ainsi que plusieurs l'ont fait dans le temps pour les tabacs.

Du reste, les engrais deviennent chaque jour plus abondants : les bénéfices que procurent les bestiaux amènent insensiblement les agriculteurs à avoir chez eux le plus grand nombre de têtes possible, et c'est là, on le sait, la clé de toute bonne exploitation.

Nous nous réservons d'examiner au point de vue industriel la production des filasses.

Tabacs. — En comparant les tabacs de l'Algérie avec ceux des autres pays de production, il est facile de se convaincre qu'à très-peu d'exceptions près, en ce qui concerne les qualités très-supérieures, les premiers peuvent facilement soutenir la concurrence.

Notre exposition est fort belle sous ce rapport, et contient des échantillons d'une véritable valeur. Mais en examinant avec soin l'ensemble des tabacs exposés par les divers pays, non-seulement ceux en feuilles, mais les cigares et le tabac coupé, il est facile de se convaincre que généralement ceux que l'on tend à produire, ce sont les tabacs fins ; que nulle part on ne voit de ces gros tabacs à feuilles longues, larges et épaisses, comme on en a cultivé pendant quelques temps en Algérie, dans la Mitidja surtout, et qui ont compromis la réputation des tabacs algériens.

Cet examen nous explique la persistance avec laquelle la Régie nous pousse à la culture de tabacs fins, qu'elle obtiendra assurément, mais à la condition pourtant de les payer à leur véritable valeur ; il nous fait comprendre aussi comment le commerce dans ses achats pour l'étranger, pour l'Angleterre surtout, nous demande également des tabacs fins, légers et peu colorés.

Il se produit en France, dans la consommation du tabac et parmi les fumeurs, un changement notable ; l'usage des tabacs de pipe diminue très-sensiblement, tandis que la consommation des cigares augmente dans des proportions inattendues. La culture doit tenir compte de cette

transformation et remplacer les gros tabacs par des qualités plus
fines, plus aromatiques et plus combustibles.

Il faut donc s'abstenir à l'avenir de cultiver en Algérie le phi-
lippin et les gros tabacs allemands et il convient de revenir aux
anciens tabacs indigènes dont les producteurs arabes ont conservé
l'habitude, le chebli, le krachna ; ne les planter que dans des
terrains bien fumés ou parqués, les seuls qui donnent des produits réellement combustibles ; ne les récolter qu'en pleine maturité,
et pour cela récolter par feuille plutôt que par pied ; les faire sécher de
façon à donner aux feuilles la couleur dorée recherchée par les
consommateurs et surveiller enfin la fermentation de manière à
leur conserver tout leur arôme. Dans ces conditions, les tabacs de
l'Algérie seront recherchés par tous les pays de consommation et
payés à des prix largement rémunérateurs.

Il est inutile de dire qu'ainsi traité le tabac ne peut pas être fait sur
de grands espaces par un seul planteur ; aussi le temps est-il passé
de ces cultures de tabac par 20, 40 hectares et même plus dans une
seule ferme. Quelque puissants que fussent les moyens d'action
du producteur, la qualité des tabacs devait se ressentir d'une
manière fâcheuse du développement excessif donné à leur culture.

Si quelques départements du nord de la France peuvent encore
cultiver sans perte les gros tabacs de pipe, il faut se rendre compte
que là on met par hectare 1,500 francs et même 2,000 francs de
fumier dont le déboursé ne se retrouve que dans l'ensemble des
récoltes de la rotation, et que cette énergique fumure rend ces tabacs
gommeux et combustibles.

Nous avons obtenu et on obtiendra encore en Algérie les mêmes
résultats sur des terres très-riches ou très-exceptionnellement fu-
mées ; mais comme les cultures faites dans de pareilles conditions
ne pourraient être pratiquées sur une grande échelle, le mieux
est de renoncer à ce genre de produit. Ces gros tabacs du nord de
la France suffisent du reste aujourd'hui à la consommation et la
dépasseront bientôt peut-être ; il est donc naturel que la Régie s'in-
terdise d'en acheter ailleurs. Voici de 1862 à 1865 les quantités
importées en France et celles exportées par l'Algérie :

Achats faits par la France.

ANNÉES	NATURE DES TABACS.	POIDS.	VALEUR.	TOTAL DE LA VALEUR.
		Kilos.	Francs.	Francs.
1862	Feuilles.	14,379,267	21,568,901	25,266,365
	Cigares et autres. .	625,991	3,697,464	
1863	Feuilles.	18,797,319	28,195,979	34,986,898
	Cigares et autres. .	1,043,433	6,790,919	
1864	Feuilles.	16,599,884	22,409,789	56,179,372
	Cigares et autres. .	1,638,332	33,769,583	
1865	Feuilles.	20,022,129	27,029,874	56,145,983
	Cigares et autres. .	1,383,007	29,116,109	

Exportation d'Algérie.

ANNÉES	NATURE DES TABACS.	QUANTITÉS.	TOTAL DES QUANTITÉS.
		Kilog.	Kilog.
1862	France.	1,728,679	1,851,470
	Angleterre.	81,911	
	Espagne.	25,780	
	Et autres.	15,100	
1863	France.	3,883,210	3,234,383
	Angleterre.	271,735	
	États barbaresques.	46,268	
	Autres.	33,170	
1864	France.	2,757,261	3,123,036
	Espagne.	199,769	
	États barbaresques.	139,499	
	Autres.	26,507	
1865	France.	2,880,568	2,972,071
	Angleterre.	15,815	
	Espagne. . . . . . . : . .	45,390	
	États barbaresques.	30,298	

Vers à soie. — Notre attention, en examinant les cocons de vers à soie exposés cette année par la Colonie, s'est portée moins sur les produits eux-mêmes, dont le mérite est aujourd'hui reconnu et incontesté, que sur les ressources que l'Algérie pouvait offrir à la métropole et à l'Europe entière pour la création d'une graine exempte de maladie. C'est là un fait sur lequel nous voudrions appeler une éclatante publicité.

Nous n'avons plus en effet à faire ressortir les bonnes qualités de nos soies, et les avantages considérables du climat algérien quant aux éducations ; la température de notre printemps, qui offre aux éleveurs le degré de chaleur qu'ils sont partout ailleurs obligés de se procurer par des moyens artificiels ; la rapide et splendide végétation du mûrier, la précocité de sa récolte, tout concourt à faire de l'éducation des vers à soie une industrie essentiellement algérienne.

Mais le développement de ce genre de culture a été, dans ces dernières années, entravé en Algérie comme ailleurs par la maladie qui préoccupe à juste titre nos savants et nos économistes.

Personne n'ignore les recherches patientes qui ont été faites pour découvrir la cause du mal, notamment par M. Pasteur, de l'Institut ; les essais persévérants qui ont été tentés pour appliquer un remède à cette cause de déchéance d'une branche aussi précieuse de la production nationale.

Le plus clair résultat de tant d'efforts a été de démontrer la nécessité d'une graine provenant d'une race saine et ayant, pendant les dernières années, échappé à l'influence du fléau.

Tout porte à croire que cette graine exceptionnelle, introuvable, l'Algérie est en mesure de l'offrir au monde entier.

Il résulte d'une communication faite à notre Commission par M. Du Pré de Saint-Maur, Président de la Chambre d'Agriculture d'Oran, qu'un sieur Canaux, éducateur à Oran, posséderait une graine de vers à soie non atteints de maladie pendant les dernières années. Un spécimen de ces cocons, encore vivants, a été déposé dans la vitrine de nos soies algériennes, trop tardivement pour prendre part aux concours, mais non pas trop tard pour appeler sur cet intéressant produit l'attention des hommes compétents et spéciaux.

Ces cocons n'appartiennent pas aux races récemment importées du Japon, ou autres pays lointains, mais à l'ancienne et précieuse race jaune du midi de la France, que tous nos sériciculteurs déploraient de voir particulièrement compromise par le fléau.

M. Canaux, au commencement de cette année, avait distribué une certaine quantité de graines tant en Algérie qu'en France et à l'étranger, et nous recherchons en ce moment les résultats précis des diverses expérimentations qui ont été faites.

Ce qui paraît certain, c'est que tous les résultats connus sont favorables sans exception. Sur une once de graines employées, il n'y a pas eu une seule mortalité et pas un seul sujet improductif. Enfin les pontes se font très-bien en ce moment, et M. Canaux peut livrer au commerce une quantité de 3 kilog. de graines, germe précieux d'une renaissance qu'étendront et confirmeront le temps et l'expérience. Ce serait un bonheur, comme une gloire pour l'Algérie, d'avoir le privilége de contribuer à rendre à la mère-patrie l'une de ses plus riches industries et de lui payer ainsi une partie de sa dette de reconnaissance.

Il ne faudrait pas s'étonner que ce précieux avantage se rencontrât dans notre Colonie ; elle a été de tous temps un pays séricicole. Les Arabes qui bien avant nous élevaient des vers à soie semblaient avoir conservé de très-bonnes traditions. Les femmes indigènes, occupées aujourd'hui dans certaines magnaneries, s'acquittent de leur tâche comme d'un travail qui ne leur serait pas absolument étranger. On prétend même que les Arabes avaient autrefois un arbre dont la feuille se rapproche davantage du sauvageon que celle du mûrier blanc que nous avons introduit.

La culture des vers à soie serait donc à raviver et à encourager parmi les Indigènes, d'autant plus qu'elle paraît s'être conservée dans la Régence de Tunis et au Maroc.

Les chiffres suivants indiquent les sommes annuellement employées par la France en acquisitions de cocons et de soie; ils prouveront quel immense débouché l'Algérie pourrait trouver dans la sériciculture :

1862	Cocons	21,910,705	Francs.
	Soie grège	200,912,300	300,439,953
	Soie moulinée . . .	77,616,948	
1863	Cocons	18,275,878	
	Soie grège	202,019,373	294,952,854
	Soie moulinée . . .	74,657,603	
1864	Cocons	13,937,340	
	Soie grège	189,220,648	298,926,624
	Soie moulinée . . .	95,768,636	
1865	Cocons	24,292,692	
	Soie grège	254,474,070	374,021,488.
	Soie moulinée . . .	95,254,726	

Sur ces chiffres, l'Algérie fournissait, en 1864, 4,135 kilog. de cocons d'une valeur d'environ 20,000 francs, et en 1865, 2,534 kil. de cocons et 382 kil. de soie, valant ensemble environ 30,000 fr.

Coton. — L'Algérie maintient et augmente même la réputation de ses cotons; son longue-soie surtout fait l'admiration des connaisseurs; les contrées rivales n'ont rien de meilleur à présenter.

C'est une heureuse fortune pour la Colonie que le longue-soie s'y produise ainsi. Cette variété est rare, et conséquemment recherchée. Les trois provinces algériennes forment pour ainsi dire trois régions distinctes, dans chacune desquelles le coton se présente sous des aspects différents. — Partout où la culture du longue-soie peut être faite utilement, on doit la conseiller aux cultivateurs, car il manque aux fabriques de la mère-patrie; à plus forte raison, si l'une des provinces trouve avantage à le produire exclusivement, ne doit-on rien faire pour l'en détourner. C'est le cas pour la province d'Oran; là des terres plus légères, plus faciles, des pluies plus rares au printemps et en automne, surtout une plus grande somme de chaleur, permettent de mener à bien la culture du longue-soie. Dans les autres provinces, dans celle de Constantine surtout, on paraît ne trouver qu'exceptionnellement des conditions semblables.

Il est vrai que le courte-soie accomplit sa végétation et vient à maturité en moins de temps, et que, dans telles conditions où le longue-soie n'aurait pas pu mûrir, le premier pourrait donner une bonne récolte. — Il est bien des circonstances aussi où le courte-soie donne un produit plus abondant. — Mais chaque propriétaire saura choisir entre ces deux espèces, selon son expérience.

Nous parlerons plus loin d'une machine à égrener fonctionnant bien et dont le prix n'est pas trop élevé (300 fr.); il serait à désirer qu'une bonne machine de ce genre fût entre les mains de tous les propriétaires, et que parmi les colons des villages il pût se former des associations pour leur acquisition et leur emploi.

L'agriculteur ne sera pas toujours en Algérie aussi pressé qu'il l'est aujourd'hui de se défaire de ses produits ; il est bon qu'il puisse leur faire subir lui-même les préparations premières qui sont à sa portée, attendre que les prix se régularisent et bénéficier des différences de prix de transport entre la marchandisé brute (le coton non égrené, dans le cas qui nous occupe), et la marchandise nette (le coton égrené).

L'égrenage du coton a cet autre avantage plus grand encore de laisser pour les champs une matière qui lui servira d'engrais : mais il a surtout celui de donner à l'agriculture une très-grande facilité pour le choix de ses graines, opération à laquelle on ne saurait apporter trop de soins et d'où dépendent la bonne qualité des cotons et l'avenir de la culture. Les Américains n'ont maintenu les qualités de leur longue-soie qu'au moyen d'un triage minutieux fait chaque année sur toutes les graines produites par l'ensemble de leurs récoltes.

Mais, pour augmenter la culture du coton, il faut augmenter les irrigations : pour cela il faut construire des barrages et aménager les eaux. — Toute la plaine du Chéliff par exemple produira du coton longue-soie quand on pourra l'irriguer : beaucoup d'autres parties du territoire sont dans le même cas.

L'importation des cotons va toujours grandissant en France, comme le prouve le tableau suivant :

IMPORTATION DES COTONS.

Années.	Poids.	Valeur.
1862	38,831,057 k.	149,694,364 fr.
1863	64,385,731	303,259,475
1864	78,343,155	397,762,833
1865	90,919,325	334,692,002

L'exportation de l'Algérie augmente dans une proportion plus grande encore :

1862	—	134,384 kilog.
1863	—	156,740
1864	—	442,928
1865	—	559,924
1866	—	714,350

Presque tout le coton fourni par l'Algérie est du longue-soie, puisqu'en 1865 les évaluations de la douane qui, pour les autres provenances varient de 2 fr. 84 à 4 fr. 82, portent la valeur des cotons de l'Algérie à 8 fr. 13.

Les Arabes s'adonnaient autrefois à la culture du coton; ils l'ont reprise sans peine, et s'y livrent, quelques-uns en cultivant à leur compte; d'autres, en qualité de khrammès des propriétaires indigènes ou européens qui leur avancent des fonds et leur achètent ensuite leur part de récolte. Ils sont très-aptes à cette culture, et la conduisent avec soin.

Bétail. — Nous arrivons à la production algérienne la plus importante ; celle dont l'écoulement est le plus assuré et dont la France a le plus grand besoin ; celle qui intéresse l'ensemble du pays algérien, comme la population française; celle qui occupera le plus de monde, pour laquelle le concours des Indigènes est le plus utile et qui donnera lieu au commerce le plus considérable et aux plus grands profits ; celle enfin qui enrichira l'agriculture et transformera le pays ; nous voulons parler de la production du bétail.

Le bétail algérien est doué de qualités remarquables : petit de taille, doux de caractère, il a cependant une grande énergie, beaucoup de rusticité, une excellente constitution, de très-bonnes formes et une grande aptitude à l'engraissement.

Il s'accommode de toute nourriture et peut supporter beaucoup de fatigues ; il peut même *la faim et la soif*, comme disent les Indigènes.

Ce bétail, tel qu'il le fallait au peuple arabe, sera longtemps, à de très-rares exceptions près, produit par lui. L'Européen le prend des mains de l'Indigène pour le grandir, pour l'engraisser et le livrer ensuite à la consommation. Mais lorsque l'agriculteur européen pourra lui donner tous les soins que comporte un bon élevage, ce bétail se transformera entre les mains de ce dernier et formera une des races les meilleures du monde.

Alors les Indigènes éclairés par les faits dont ils sont témoins donneront eux-mêmes plus de soins au bétail. Déjà notre exemple, et ce qu'ils ont appris à notre contact de la valeur relative des bestiaux, ont porté leurs fruits : il suffit d'un coup d'œil jeté sur les animaux qu'ils amènent aujourd'hui sur nos marchés pour s'en convaincre.

Ils continueront à apprendre ; ils se convaincront par exemple que leur mode de castration est défectueux ; qu'ils châtrent trop tard et qu'ils ont tort de pratiquer de préférence le *tournage ;* enfin ils reconnaîtront que pour avoir un bon bétail, les abris et les approvisionnements de nourriture sont nécessaires et ils ne laisseront plus leurs troupeaux exposés à toutes les intempéries.

L'importation du bétail algérien en France avait été jugée tout d'abord impossible. Il est curieux de suivre les tâtonnements dont elle a été l'objet, puis la progression rapide qu'elle a suivie.

Aujourd'hui le problème est résolu : la viande de l'Algérie est admise dans la consommation de la France comme y ont été admis ses blés. Les bestiaux de M. de Ruzé, plusieurs fois primés sur les marchés de Poissy, ont dessillé les yeux ; il n'y a plus qu'à produire.

Pendant quelques années l'exportation du bétail n'a guère été fait que de quelques grands propriétaires ou d'acheteurs s'approvisionnant directement chez les Indigènes, conservant quelque temps leurs bestiaux sur de bons pâturages et les expédiant ensuite. L'agriculture n'y jouait qu'un rôle secondaire; mais déjà il y a tendance à ce qu'il en soit autrement.

Ce commerce ne rendra tous les services que l'on doit en attendre que lorsque les soins à donner au bétail seront passés dans les habitudes de toute la population agricole, lorsque chaque ferme et chaque habitation de colon aura, pour ainsi parler, sa fabrique de viande, laquelle est en même temps une fabrique d'engrais. Il y a là toute une transformation des champs eux-mêmes, sur l'ensemble du territoire, parce que les prairies y tiendront une large place.

Pour écouler ces produits nous avons constamment, ouverts devant nous, d'immenses marchés où la consommation de la viande prend tous les jours des proportions plus grandes. Ceux de la France, de l'Angleterre, de la Belgique et de l'Italie s'approvisionnent aussi chez nous : l'Egypte même a dû y venir.

Les importations de la France, dont le chiffre grandit chaque année, prouvent ce que l'Algérie est appelée à lui fournir : l'Angleterre s'y approvisionnera aussi, maintenant que les formalités de douane n'empêcheront plus ses navires de fréquenter nos ports. La nouvelle loi de douane, en rendant l'exportation facile et en créant des relations, ouvrira un large débouché à l'exportation des bestiaux, et l'Algérie y trouvera la principale source de sa future richesse.

Ce n'est ni par des cultures industrielles, ni par la variété de ses récoltes, que l'agriculture anglaise a conquis sa grande prospérité : elle se borne presque à faire de la viande et des céréales, deux produits auxquels se prêtent admirablement le sol et le climat de l'Algérie.

Le tableau ci-après indique les importations de la France de 1862 à 1865, et les quantités exportées par l'Algérie pendant la même période : on y verra, pour ne faire ressortir qu'un chiffre, que l'exportation des moutons a plus que quadruplé en quatre ans, et nous pouvons affirmer qu'elle a encore augmenté depuis lors.

Tableau de l'importation totale du bétail en France,
de 1862 à 1865.

ANNÉES	DÉSIGNATION DU BÉTAIL.	NOMBRE DE TÊTES.	VALEUR.	TOTAL DE LA VALEUR.
			Francs.	Francs.
1862	Bœufs.	42,642	17,056,800	
	Vaches.	65,331	18,295,480	55,015,984
	Moutons.	546,214	19,663,704	
1863	Bœufs.	42,137	17,276,170	
	Vaches.	71,393	20,703,970	61,922,951
	Moutons.	647,103	23,942,811	
1864	Bœufs.	49,748	19,401,720	
	Vaches.	75,182	19,547,320	65,942,572
	Moutons.	793,928	26,993,532	
1865	Bœufs.	51,113	20,445,200	
	Vaches.	65,965	17,480,725	68,352,477
	Moutons.	845,182	30,426,552	

Exportations de l'Algérie de 1862 à 1865.

ANNÉES.	PAYS de destination.	BŒUFS.	VACHES ou génisses.	MOUTONS.
1862	France.	4,480	»	44,206
	Angleterre.	216	»	»
	Espagne.	4,128	380	1,886
	Divers.	125	»	3
	Totaux.	8,949	380	46,095

Suite.

Années.	Pays de destination.	Bœufs.	Vaches ou génisses.	Moutons.
1863	France	7,683	»	82,024
	Angleterre	1,757	»	»
	Espagne	4,388	319	19,193
	Autres	370	295	7
	Totaux	14,198	614	101,224
1864	France	12,982	»	115,429
	Angleterre	2,254	59	»
	Espagne	6,260	611	24,008
	Autres	2,242	»	2,570
	Totaux	23,738	670	142,007
1865	France	12,783	»	164,478
	Angleterre	2,437	»	»
	Espagne	7,880	1,035	50,314
	Autres	1,350	»	334
	Totaux	24,450	1,035	215,126

Laines. — Les laines de l'Algérie ont depuis longtemps attiré l'attention du commerce français. Indépendamment des nombreux troupeaux des Arabes, parmi lesquels ceux de Tebessa, Médéah, Tiaret, Boghar et Tlemcen sont particulièrement renommés pour la belle qualité des laines, il en existe une assez grande quantité appartenant à des colons français qui suivant l'exemple de M. Du Pré de St-Maur, propriétaire près d'Oran, ont cherché à améliorer la race indigène et à lui rendre l'antique splendeur des mérinos d'Espagne. Des étalons pur sang ont été introduits, des troupeaux de progression ont été formés, et le Gouvernement, en prescrivant la formation du troupeau de Ben-Chicao, a joint ses efforts à ceux des particuliers. L'Algérie, aujourd'hui, possède des laines fines, moins fines sans doute que celles de l'Australie, trop fines peut-être si l'on tient compte des besoins du commerce, qui demande avant tout de bonnes laines moyennes.

Notre attention a dû se porter nécessairement sur un fait de fraude commerciale qui a été reproché aux Indigènes dans ces dernières années, et qui consistait dans l'addition de sable dans les toisons pour en élever le poids. Une telle fraude suffirait pour discréditer à jamais les laines algériennes. Les faits nous ont heureusement amenés à reconnaître que ce genre de fraude était généralement imputable non aux producteurs, mais à ceux qui servent d'intermédiaires habituels entre ceux-ci et les acheteurs.

L'achat des laines se faisant en effet, et dans la plupart des cas, à tant par toison, on conçoit que les intermédiaires aient seuls intérêt à exagérer le poids de la laine par des moyens frauduleux. Du reste nous appelons l'attention sur un mode d'achat déjà pratiqué et qui contribuerait à relever le crédit des marques algériennes.

Voici en quoi il consiste :

Le négociant achète la laine encore sur les animaux ; dans la plupart des cas, l'arabe l'autorise à choisir et à assortir ses qualités de manière à donner à ses balles le mérite très-apprécié de l'homogénéité ; il fait procéder lui-même à la tonte, par des ouvriers exercés et pourvus de bons instruments, et il obtient ainsi une matière très-commerciale. Ajoutons que les triages opérés par les acheteurs sous les yeux des Indigènes feront plus pour leur éducation en matière d'élevage que tous les conseils théoriques.

Quant aux colons qui ont fait de louables efforts pour introduire dans le pays une race plus parfaite, ils ont produit jusqu'à ce jour des quantités de laines trop restreintes pour que le commerce soit venu les leur demander, et ils ne paraissent pas avoir obtenu le succès que méritait leur tentative.

C'est ici le cas de signaler l'isolement qui stérilise tant de courageux efforts et l'immense intérêt qu'auraient les cultivateurs algériens à s'associer pour former une agence spéciale chargée de l'écoulement de leurs produits. Ce besoin apparaît aussitôt que l'on examine une des branches quelconques de notre production. — Sous le rapport de la viande, nos éleveurs tendent généralement à rendre à la race les qualités de taille et d'engraissement que la poursuite de laines extra-fines avait commencé à lui faire perdre, et il serait à désirer que le Gouvernement mit ses étalons acclimatés à la disposition des colons pour cet objet. On pourrait aussi rechercher si le croisement avec des béliers *South-Downs* ne serait pas de nature à former une race plus riche en viande.

La méthode généralement employée par les colons pour l'élevage des bêtes ovines consiste dans l'amélioration de la race *in and ine* par voie de sélection succédant à une infusion de sang pur dans un troupeau de femelles préalablement bien choisies. — Quelques éleveurs y ont ajouté avec succès la présence d'un troupeau de progression destiné à leur fournir des étalons pur-sang devenus indigènes comme le reste du troupeau.

En résumé, les laines exposées dans la section de l'Algérie constatent des efforts persévérants, des résultats déjà considérables et un succès à venir hors de doute.

Au nombre des causes qui retardent l'amélioration des troupeaux indigènes, nous devons signaler, en même temps que les bistournages tardifs et la conservation des cornes, la mauvaise habitude qu'ont les Arabes de ne pas couper la queue des animaux. — Ils en donnent pour raison l'usage ancien d'immoler pour la fête de l'Aïd el-Kebir des moutons choisis parmi ceux qui offrent cet appendice à l'état le plus volumineux ; cette pratique est désastreuse au point de vue du développement de l'individu et de la reproduction. Elle n'est pas d'ailleurs d'obligation religieuse et quelques efforts pourraient être faits utilement pour combattre cette routine.

Voici les quantités de laine exportées d'Algérie pendant les dernières années :

1862	France	3,140,926	3,674,752
	Étranger	533,826	

1863	France..	4,863,730	5,482,326
	Étranger.	618,596	
1864	France..	6,720,349	6,894,191
	Étranger.	173,842	
1865	France..	7,237,345	7,255,948
	Étranger.	18,603	

Pendant la période correspondante, les importations totales de laines en France ont été :

En 1862 de. . . . . 49,370,041 k.

En 1863 64,442,404

En 1864 62,632,484

En 1865 73,670,935

L'Exposition Universelle a permis à des fabricants allemands d'examiner les laines de l'Algérie ; on espère qu'ils en feront des demandes assez considérables pour la fabrication des draps de troupes.

Chevaux. — L'Algérie produit de très bons chevaux, dont la réputation déjà très-anciennement établie a été confirmée dans la guerre de Crimée. Les chevaux algériens y ont fait preuve d'une incontestable supériorité.

L'Administration a pris quelques mesures utiles pour l'amélioration de la race chevaline. Les haras qu'elle entretient ont vulgarisé les bons étalons et donné d'excellents résultats. Le niveau de l'ensemble de la race s'est élevé ; malheureusement les prix fixés par la remonte de l'armée, et qui deviennent les prix régulateurs, détruisent l'effet de ces mesures, et la tendance est de produire de moins en moins parceque la production est en perte.

On paye en moyenne des chevaux de 4 ans au prix de 400 francs ; il faut qu'ils soient beaux pour valoir 5 et 600 francs. Il est impossible d'élever à ces conditions.

Quelques Européens s'étaient adonnés à l'élève du cheval ; entre leurs mains la race avait grandi, avait pris de l'ampleur et avait augmenté encore de solidité et de résistance ; mais ils ont dû y renoncer ; les Indigènes eux-mêmes paraissent se décourager. Ce n'est pas au point de vue de l'éleveur qu'il y a utilité à faire cette observation, puisqu'il trouve avantage à s'adonner de préférence à produire des bestiaux de boucherie ; mais elle a surtout de la portée au point de vue de la France qui perdra bientôt cette ressource si précieuse pour ses remontes. Combien ne serait-il pas regrettable qu'elle cessât de trouver en Algérie les éléments d'une cavalerie hors ligne, s'il est vrai que les chevaux légers et rapides soient aujourd'hui réputés les meilleurs chevaux de guerre ?

Voici, en dehors de l'approvisionnement de l'armée, les exportations faites par l'Algérie de 1862 à 1865 :

ANNÉES	DESTINATION DES POINTS D'EXPORTATION.	NOMBRE	TOTAL.	VALEUR.
				Francs.
1862	France	671		
	Espagne	302		
	Italie	28	1022	511,000
	Autres	21		
1863	France	607		
	Angleterre	82		
	Espagne	107	854	427,000
	Autres	58		
1864	France	558		
	Angleterre	130		
	Égypte	122	947	791,560
	Autres	137		
1865	France	333		
	Angleterre	245		
	Italie	143	761	571,975
	Autres	40		

Il n'est pas sans intérêt de remarquer dans ce tableau le chiffre sans cesse décroissant de l'exportation en France, et d'un autre côté le chiffre en progression très-sensible de l'exportation dans les pays étrangers et notamment en Angleterre.

Bois et Forêts. — Il résulte des dernières évaluations que la surface boisée de l'Algérie est de 1,445,000 hectares, y compris 89,000 hectares de broussailles et 30,000 hectares d'oliviers sauvages, ce qui réduit le chiffre des bois proprement dits à 1,316,000 hectares, lesquels se divisent ainsi, d'après leurs essences principales :

Chêne vert.	526,205
Chêne liége pur ou mélangé	322,762
Pin d'Alep.	141,977
Chêne bellout (yeuse à glands doux) . . .	100,986
Cèdre.	76,320
Thuya articulé..	53,887
Chêne zeen ou à feuilles de châtaignier . .	39,906
Total.	1,262,043

On aura d'un autre côté une idée exacte de l'importance des exploitations forestières d'après les évaluations suivantes qui sont puisées aux sources les plus certaines et les plus récentes :

	ÉTENDUE des EXPLOITATIONS.	CAPITAL ENGAGÉ.	PRODUIT pour L'EXPLOITATION (en tonneaux de jauge).	VALEUR NETTE.
	Hectares.	Francs.	Mètres cubes.	Francs.
Liége.	141,731	24,094,270	106,298	5,314,913
Bois d'œuvre.	28,576	2,286,080	85,728	771,552
Résines	15,560	389,000	4,668	215,506

On voit que ce sont les exploitations de liége qui dominent toutes les autres, non-seulement par l'étendue, mais aussi par l'importance du capital engagé et par celle des produits, deux valeurs qui représentent 24/27ᵉˢ du total de la mise en œuvre. Sur les 142,000 hectares de chêne-liége mis en exploitation, 80,000 seulement commencent à rapporter; on ne saurait trop attirer l'attention sur les résultats remarquables que nous fournissent ces récoltes naissantes.

Depuis trois ans, ces 80,000 hectares ont fourni chaque année à l'exploitation 1,150,000 kilog. de liége en planches, c'est-à-dire *à peu près la quantité* que la France tire annuellement de l'étranger pour alimenter ses fabriques de bouchons, concurremment avec ses propres liéges, et à peu près aussi en liége brut le même poids que le liége ouvré dans les ateliers français, *et pas beaucoup moins* que nos importations annuelles de bouchons.

Ainsi toutes les prévisions ont été dépassées, et les craintes que l'on avait relativement à l'introduction des liéges algériens en France ne se sont pas réalisées.

Aujourd'hui qu'un résultat si brillant peut être tenu pour constaté, nous recommandons à l'attention des producteurs de liége les conseils que leur donnait le rapporteur de 1862, après l'Exposition de Londres. Ils les invitait de la manière la plus pressante à se réunir en syndicats, à mettre eux-mêmes une partie de leurs liéges en œuvre, à se tenir au courant des prix et des besoins de tous les marchés sur lesquels ils peuvent porter leurs produits, à vulgariser l'emploi du liége sous toutes les formes et à se créer de nouveaux débouchés en portant au loin la connaissance de leurs ressources si étendues.

Il n'y a pas péril en la demeure, il est vrai; mais comme les produits s'accroissent rapidement, comme les 80,000 hectares exploités seront portés dans deux ou trois ans à 124,000, il faut préparer l'emploi des nouvelles quantités produites.

La France, l'Espagne et le Portugal ne peuvent pas augmenter sensiblement leur production. — Tout ce que ces différents pays sont en état de donner, ils le donnent à peu de chose près; mais l'Italie possède d'assez grandes forêts de chêne-liége, qui d'un instant à l'autre peuvent créer une concurrence sérieuse. — L'Algérie la repoussera facilement, mais surtout par l'amélioration de ses produits, et déjà nous avons reconnu, à l'Exposition Universelle, avec une satisfaction que nous ne saurions dissimuler, que tios liéges pouvaient sans peine rivaliser avec tous ceux de la péninsule hispanique et des autres pays à liége. C'est là, après l'augmentation si remarquable des exportations, un autre résultat non moins digne d'être remarqué.

Rappelons ici ce qui a déjà été conseillé à l'Algérie au sujet du marché anglais : pour y arriver, il faut qu'elle livre les liéges bruts à meilleur marché que le Portugal, et les liéges fabriqué, à meilleur marché que la France. Ce dernier résultat sera difficile à atteindre, parce que la France a pour elle une bien moindre distance; mais la Colonie peut lutter sans trop de peine avec le Portugal.

L'Algérie, sur un total de 136 espèces de bois, en possède 50 à 60 reconnues jusqu'à ce jour susceptibles d'un emploi industriel, particulièrement comme bois de construction, de menuiserie ou d'ébénisterie, mais les seules qui aient été encore mises en œuvre, sont :

> Le Chêne zéen;
> Le Chêne à feuilles de châtaignier;
> Le Chêne à glands doux ou yeuse;
> Le Pin d'Alep;
> Le Thuya;
> Le Cèdre;
> L'Olivier;
> Le Caroubier;
> Le Genévrier;
> Le Citronnier;
> Le Noyer;
> Le Frêne.

La France importe chaque année, a l'heure qu'il est, pour cent millions de bois de construction de tout échantillon. L'Algérie avec ses ressources même limitées peut apporter son contingent utile pour diminuer cet énorme déficit.

Les espérances que donnait l'exploitation des forêts algériennes, autres que les forêts de chêne-liége, commencent à se réaliser, et elles se réaliseront d'autant plus sûrement que les voies de communication se développeront autour d'elles.

On exploite actuellement le chêne zéen comme merrains et comme traverses pour les chemins de fer; mais il n'est encore que très-peu employé dans les constructions maritimes, bien qu'il soit prisé des Anglais à l'égal du chêne blanc de la Grande-Bretagne, lorsqu'on sait le sécher convenablement, ce qui ne s'est fait que bien rarement jusqu'à présent.

Le chêne zéen et le chêne vert peuvent remplacer avec avantage le chêne de France pour la confection des meubles, et le chêne à feuilles de chataignier convient particulièrement à la tonnellerie.

Le pin d'Alep supplée parfaitement le sapin de Norvège et de Russie pour les planches et madriers.

Le chêne à glands doux est employé avec succès dans la confection des meubles, des boiseries, des lambris et des parquets.

Le cèdre, l'olivier, le caroubier, le genévrier, le citronnier, sont aussi très-avantageusement employés pour les grands meubles, les placages intérieurs et la menuiserie de luxe.

Le frêne, surtout dans la Grande-Kabylie où il atteint des proportions gigantesques, surpasse en beauté et en qualité le frêne d'Europe, si recherché par les charrons et les carrossiers.

Le noyer a la même valeur qu'en France. Quant au thuya, il reste définitivement à la tête des bois d'ébénisterie, et ce rang lui est complètement assuré par l'Exposition Universelle de 1867. Le *Cedrela Australis* et certains bois des États-Unis sont les seuls qui en approchent, mais sans pouvoir en soutenir la concurrence.

La France, l'Autriche, la Russie, l'Espagne, le Canada, l'Australie et les autres colonies anglaises, les États-Unis, la Guyane, le Brésil, ont au Palais du Champ-de-Mars de fort belles collections. Un examen consciencieux ne saurait, dans les similaires, trouver de différences entre les échantillons qui les composent et ceux de la collection algérienne réunis et envoyés par les soins du Gouverneur Général. Peut-on faire un plus bel éloge des ressources forestières de l'Algérie?

Les arbres résineux, tels que les cèdres, pins d'Alep, genévriers, se rencontrent en Algérie, soit à l'état de forêts, soit disséminés au milieu d'autres essences.

Les seules exploitations accordées jusqu'à ce jour sont situées dans la province d'Alger.

Il y en a deux : l'une de 5,182 hectares, appelée Aïn-Zelou, dans l'Ouarensenis, à 54 kilomètres d'Orléansville ; l'autre de 11,293 hectares et qui embrasse la presque totalité du pays des Oulad-Anteur, près et au nord de Boghar, subdivision de Médéah.

Aïn-Zelou donne annuellement 112,000 kilogrammes de gomme, dont on tire par la distillerie des térébenthines, des goudrons, des colophanes et des brais de première qualité.

L'exploitation des Oulad-Anteur compte près d'un million de sujets résinables, d'où l'on pourrait extraire annuellement 600,000 kilog. de térébenthine et 1,200,000 kilog. de brais ; mais elle n'a encore que 170,000 arbres soumis au gommage.

On ne saurait parler des ressources forestières actuelles de l'Algérie, sans mentionner celles qu'on trouvera dans l'avenir par les créations de tous genres qu'ont fait faire l'Administration et les particuliers.

C'est à tort que l'Algérie a été considérée longtemps comme impropre à la production des grands végétaux ; d'abord ses vastes forêts prouvaient déjà évidemment le contraire, et les plantations faites par les Européens sur tous les points qu'ils occupent ne laissent aucun doute à cet égard. Quelques-unes de ces plantations donnent des résultats inespérés.

Le platane, par exemple, prend des dimensions considérables en très-peu d'années et s'y reproduit naturellement de semis. Son bois, dont l'usage est encore peu répandu en Europe, à cause de sa rareté, a des qualités qui lui assurent un débouché certain : il est dense, résistant et a un grain fin et serré ; on peut l'employer dans la confection des meubles, pour la carrosserie et pour le charronnage.

Le robinier (faux acacia) vient dans les sols humides avec une vigueur surprenante ; il donne un bois très-dur et très-solide, bon pour le charronnage et la carrosserie et particulièrement pour les raies de roues. On peut l'utiliser surtout dans l'outillage des fermes en y comprenant les charrues. Coupé entre deux terres, tous les cinq, six ou huit ans, suivant la nature du sol, il donne des poutres de huit à dix mètres de longueur, très-utiles dans les exploitations rurales.

Le rédacteur d'un des rapports de l'Exposition Universelle de 1862 demandait avec insistance l'introduction en Algérie de l'*Eucalyptus Globulus* (*Blue Gum* ou arbre à gomme bleue des Anglais), de l'Australie. Ce désir est aujourd'hui réalisé. Le climat de l'Algérie qui a beaucoup de rapports avec celui de l'Australie convient parfaitement à l'eucalyptus. Plusieurs plantations étendues de cet arbre ont été faites sur divers points des environs d'Alger, et d'ici à trois ou quatre ans la question sera complétement résolue au point de vue pratique. On a pu du reste juger de la valeur du produit par les deux échantillons envoyés à l'Exposition Universelle. L'âge de l'un et de l'autre est de huit ans ; le premier a dix mètres de hauteur et mesure de soixante centimètres à un mètre de tour ; le second n'a que quatre mètres de longueur et sa circonférence varie entre un mètre vingt et un mètre quatre-vingt centimètres ; c'est un bloc énorme.

L'eucalyptus ne sera pas seulement apprécié à cause de son développement rapide et de la qualité de son bois, qui a la dureté du bois de fer ; on attribue aux émanations qui se dégagent de ses feuilles odorantes une influence assainissante considérable sur l'atmosphère des contrées où il se multiplie.

Remarquons d'ailleurs au sujet de la rapidité de croissance de l'eucalyptus que ce prompt développement est commun à tous les arbres de l'Algérie, ce qui ne les empêche pas d'avoir une densité et une résistance plus fortes que leurs similaires d'Europe.

On a émis, relativement à l'étendue des forêts algériennes, une opinion qu'il est nécessaire de redresser : on a prétendu que leur surface était trop grande par rapport à celle des terres labourées. Quelques chiffres vont démontrer combien cette erreur est considérable.

La superficie de la France est aujourd'hui de 54,300,000 hectares ; celle de ses forêts et de ses bois est de 8,700,000, c'est-à-dire un peu plus du sixième.

Les forêts de l'Algérie se trouvent presqu'en totalité dans le Tell.

Cette zône a 14 millions d'hectares ; l'étendue des forêts et des bois y est de 1,316,000 hectares, c'est-à-dire du 11e ; d'où il résulte que l'Algérie a comme surface boisée à peine la moitié proportionnelle de ce que possède la France, et cependant celle-ci reste au-dessous de sa consommation annuelle en bois de construction de près de cent millions de francs (1863).

L'Algérie, il est vrai, a, toutes proportions gardées, beaucoup moins de besoins que la France ; mais pourquoi regretterait-on qu'en dehors de ses propres besoins elle pourvût pour une très-large part à ceux de la mère-patrie et d'autres pays ? N'a-t-elle pas d'ailleurs, à cause de sa latitude méridionale, le plus grand intérêt pour la salubrité et la conservation de ses eaux à couvrir ses terres du plus grand nombre possible de plantations ?

La consommation des bois existants doit être de la part de l'administration l'objet d'une grande sollicitude ; sa responsabilité y est engagée. La question du boisement et du déboisement est pour les populations algériennes une question d'existence ; plus l'Algérie sera boisée, plus facilement on y vivra. Le déboisement y sera la ruine de l'agriculture, l'insalubrité, la mort. — Aussi comprend-on très-facilement les appréhensions sérieuses qui se sont emparées des esprits lors des derniers incendies, et à la vue des ravages causés, surtout en territoire arabe, par la dépaissance et la coupe des jeunes bois. — Non-seulement l'Indigène n'est ni conservateur ni prévoyant, mais dans cette circonstance il n'a pas même conscience du mal qu'il fait ; c'est à nous de l'éclairer et en tous cas de le conduire.

Il est impossible de parler des liéges d'Algérie, sans signaler l'émotion causée par l'incendie des forêts dans ces dernières années.

Cette émotion a été suivie d'un découragement passager : mais l'énergie des concessionnaires et les actes de l'administration l'ont déjà surmonté.

Matériel et procédés des exploitations forestières (Classe n° 48). — Les deux seuls appareils qui dans l'Exposition Universelle nous aient paru pouvoir s'appliquer facilement aux exploitations forestières de l'Algérie sont la machine à fabriquer des bouchons, de M. Gleuzer, mécanicien à Paris, et les scieries de planches de l'École Impériale Forestière de Nancy.

La machine de M. Gleuzer occupe peu de place, celle d'une petite table carrée; elle se manœuvre par un seul homme et est d'un prix peu élevé.

D'après les deux spécimens de scierie exposés par l'École Forestière, on voit que ces machines sont d'une construction facile, d'une disposition simple, tout en bois, et qu'elles sont disposées pour être mises en mouvement par l'eau (courant rapide), ce qui permettrait de les installer dans la plupart des territoires montagneux et boisés des trois provinces, où elles trouveraient toujours une force motrice suffisante. Le prix d'établissement de ces scieries est d'ailleurs modéré, 6,000 et 3,000 francs. La dernière qui est de la force de 6 chevaux donne par année 15,000 planches de 3 m. 57 c. sur 0 m. 27 c.; la première est d'une force double. Ces machines nous semblent devoir fixer l'attention toute particulière des industriels algériens.

Plumes d'autruche. — Les plumes d'autruche qui déjà donnent lieu à un commerce avec le Sud de l'Algérie et avec la France, peuvent être considérées comme étant appelées à faire partie de la production des fermes de la Colonie, si la domestication de l'autruche peut réussir aussi bien que le font espérer les heureux essais faits par M. Hardy, au jardin du Hamma, près d'Alger, et les résultats signalés par la Société d'acclimatation de France. D'après les compte-rendus de cette Société, des essais ont réussi au Cap de Bonne-Espérance, et d'autres faits à Grenoble par M. Douteille ont donné les bénéfices ci-après: M. Douteille, en prenant la plus mauvaise des trois années de son expérimentation, indique comme produit d'une paire d'autruches 280 fr., déduction faite de la nourriture et de l'entretien.

Machines et Instruments agricoles. — En même temps que nous nous appliquions à étudier les produits de l'Algérie, en les comparant à ceux des autres nations, nous avons dû nous préoccuper des machines et instruments que l'Exposition pouvait présenter au choix des colons.

Un semblable examen aurait demandé beaucoup de temps, des expériences renouvelées et des renseignements qui malheureusement nous ont trop souvent fait défaut.

Nous ne prétendons pas porter un jugement sur les instruments que nous allons signaler ci-après à l'attention des Algériens; mais nous nous sommes appliqués à éliminer de notre liste tous ceux qui nous ont paru incompatibles avec les conditions dans lesquelles les agriculteurs algériens se trouvent placés.

Les avis différents qui ont d'ailleurs été émis sur le même instrument par les divers membres de notre commission, chargés de l'examiner, nous ont surabondamment démontré combien il est difficile de recommander d'une manière absolue un outil agricole : tout dépend en effet, s'agit-il de charrues par exemple, de la nature du terrain, du genre des attelages, des cultures à entreprendre, de la main-d'œuvre dont on dispose, etc., etc. — Nous nous bornerons donc à une simple désignation des machines ou instruments, laissant aux intéressés le soin de se renseigner auprès des constructeurs sur les conditions de détail que ces instruments remplissent.

Charrues. — Nous avons admis qu'en Algérie, où les variations de température et les alternatives rapides de sécheresse et d'humidité pourrissent les bois d'une manière désolante, cette matière devait être proscrite toutes les fois que cela était possible. — Nous avons également admis qu'en Algérie, où le transport était toujours onéreux et où il est souvent impossible de se procurer des pièces de rechange, les instruments en fonte, sujets à cassure et impossibles à ressouder, devaient être considérés généralement comme désavantageux.

Nous signalons donc :

Les charrues en fer forgé de Ransomes et Sims, fabricants à

Ipswich (Angleterre), représentés par M. Ganneron, ingénieur agricole à Paris, quai de Billy, 56.

Les charrues en fer de Howard (Angleterre), représenté à Paris par M. Th. Pilter, 9, rue de Fénélon (place Lafayette).

La charrue tourne-oreille de Ramsomes et Sims, pour labours à plat (prairies irriguées, etc.), laquelle nous a paru très-avantageuse par sa simplicité. Le système de cette tourne-oreille repose essentiellement sur la révolution de l'age autour de l'avant-corps considéré comme pivot.

Une autre charrue tourne-oreille de J. Isler à Mouren (Thurgovie).

Une charrue vigneronne de Maureau-Chaumier, 54, avenue de Grammont, à Tours (Indre-et-Loire). Nous signalons particulièrement le n° 4 qui est de 65 francs, et une houe sarcleuse vigneronne du même constructeur coûtant 70 francs et susceptible de se transformer en instruments divers et à plusieurs fins.

Les charrues de H. F. Eckert, constructeur, petite rue de Francfort, n° 1, à Berlin. Le modèle dit Charrue Américaine nous a paru fort bien établi. Le petit modèle de la force de deux chevaux est coté 47 fr. 90 c.; le grand modèle avec avant-train coûte 93 fr. 75 c.

Une charrue vigneronne de Ad. Paris, à Aulnay (Charente-Inférieure), représenté à Paris par A. Martin, 15, rue du Moulin-Vert, au Petit-Montrouge. Cette charrue se coude très-simplement. Enfin les charrues vigneronnes à ages multipliés de Renaud et Gouin, à Saint-Maur (Indre-et-Loire).

Nous ferons remarquer à cette occasion que lorsque nous ne faisons pas figurer le prix des instruments mentionnés, il sera toujours facile de se le procurer en adressant aux constructeurs une demande de catalogue.

Instruments divers. — Nous signalerons encore :

La baratte atmosphérique brévetée (système Clifton), coûtant depuis 5 fr. pour faire 250 grammes de beurre jusqu'à 35 fr. pour le modèle de 8 kilog., et dont le dépôt général se trouve maison Barnett, rue de Rivoli, n° 164, à Paris.

Nous recommandons aux colons les excellents conseils relatifs au barattage du lait que contient le prospectus de cet instrument à bon marché.

Les barattes horizontales, et en général les ustensiles de laiterie de F. Girard, constructeur, rue de Lafayette, n° 206, à Paris.

Ces barattes horizontales coûtent 25 fr. et au-dessus, suivant leur capacité : elles ont surtout l'avantage de ramener le lait à la température constante de 17 degrés centigrades et elles paraissent donner de bons résultats pour le barattage direct du lait. Les notions et prospectus contiennent des détails instructifs.

Le cribleur Josse, destiné au nettoyage des céréales, dont le constructeur demeure à Ormesson, canton de Boissy-Saint-Léger (Seine-et-Oise).

Le modèle à bras (poids 60 kilog.) avec quatre grilles, coûte 100 francs, remis en gare de la Varenne. Nous appelons sur cet instrument l'attention des Algériens. Tous les colons savent quelles difficultés ils éprouvent à nettoyer leurs blés des orges qu'ils contiennent ; les blés orgés perdent sur les marchés une notable partie de leur prix, et il est impossible de les employer pour semences, car l'orge rendant plus que le blé, on ne tarderait pas à avoir moitié orge dans sa récolte. Aussi bien, et depuis longtemps, les agriculteurs algériens sont-ils à la recherche d'un trieur simple capable de séparer l'orge et le blé dur. Ces deux graines étant de dimension souvent identique, tous les systèmes de grilles et de tôle percées sont d'avance impuissants à remplir le but proposé. Le cribleur Josse étant fondé sur les mouvements divers que l'agitation imprime à des corps de densité différente, et le poids spécifique de l'orge étant d'un tiers plus faible que celui du blé, il est supposable que cet instrument tel qu'il est, ou avec de très-légères modifications, pourrait parvenir à opérer la séparation dont il s'agit.

Notre Commission aurait fait exécuter à cet égard des expériences, si le temps ne lui avait pas manqué, mais il est à désirer qu'elles puissent avoir lieu.

La faucheuse A. Wood, constructeur, 77, Upper Thames Street, à Londres (représenté par Pilter, 9, rue Fénélon, à Paris). Cette faucheuse à deux chevaux, livrée à Paris, coûte 610 francs. Elle paraît donner de fort bons résultats.

Le faucheur Perry, constructeur à Kingston, Rhode Island (États-Unis). Cet instrument sur lequel nous n'avons pu avoir de renseignements, mais que nous avons trouvé simple et bien construit, doit être vendu par la Cie Ames, Plow, Quincy, Hall, à Boston (États-Unis). L'inventeur demeurant à Paris, 24, rue de la Paix, ferait sans doute connaître aux intéressés l'adresse de ses dépôts en France.

L'avantage de cette machine nous a paru consister dans sa simplicité, dans sa légèreté et dans la combinaison qui établit le va et vient dans l'intérieur des roues : nous avons regretté de ne rien voir qui permit de maintenir la scie à une hauteur déterminée.

Un pressoir hydraulique, de force considérable, d'Émile Mannequin, constructeur à Troyes (Aube), dont les prix varient entre 1,100 et 1,800 francs.

Le pressoir à vin de Ch. Guilleux, constructeur à Segré (Maine-et-Loire). Ce pressoir qui est dans les prix de 230 à 360 francs nous semble réunir d'excellentes conditions de solidité et de bon marché. Les exploitations naissantes de l'Algérie feraient bien de se mettre en relation avec ce constructeur ; dans beaucoup de cas, l'instrument se trouverait payé par le vin qui reste dans les marcs, surtout si les colons s'associaient pour en faire l'acquisition.

Plusieurs pressoirs de E. Mabille, frères, mécaniciens à Amboise (Indre-et-Loire).

Un pressoir hydraulique-locomobile, de Laurent, aîné, constructeur à Dijon (Côte-d'Or). Le n° 1, pour 18 hectolitres, est coté 1,100 francs.

Il est monté sur roues et facilement transportable.

Enfin le pressoir de Ch. Pichot, serrurier-mécanicien à Monts-sur-Guaisnes (Vienne-France). Le n° 1 coûte 1,300 francs ; l'instrument paraît destiné à un long usage et est l'objet de nombreuses attestations favorables.

La presse-fourrage-bascule, système de MM. Leduc et Cie, de Bar-sur-Aube. Cette presse, dont le prix varie de 1,150 à 1,950 fr., et qui pourrait convenir non-seulement pour l'expédition et l'enmagasinement des fourrages, mais aussi pour la mise en balles des laines et des cotons, est en dépôt chez Peltier, jeune, constructeur de machines, 10, rue Fontaine-au-Roi, à Paris.

Une presse à tatouer les moutons et destinée à l'enregistrement des troupeaux (dépôt chez E. Ganneron, 56, quai de Billy). Cet utile instrument dont le prix varie de 25 à 28 francs, avec une rondelle de chiffres ou de lettres, permet de marquer les animaux à l'oreille d'une manière indélébile et d'en constater la filiation.

Les appareils hygiéniques pour traire les vaches, de M. Lirebardon, 19, rue du Champ-de-Mars, à Paris, maison à Puteaux (Seine), banlieue, 15, rue de la Croix; dépôt chez M. L. David, 21, rue Hautefeuille, Paris.

Ces petits instruments, qui ressemblent assez bien à des sifflets en argent de la grosseur d'une paille, sont destinés à être introduits en même temps dans les quatre trayons de la vache, et à opérer la traite de l'animal sans difficulté et sans fatigue, puisque l'opérateur le plus inexpérimenté n'a qu'à regarder couler le lait dans le récipient qu'il surveille.

Notre attention avait été appelée tout spécialement sur cet appareil : on sait en effet avec quelle facilité nos vaches algériennes, pourvues de trayons courts et musclés, retiennent leur lait d'ailleurs peu abondant, à tel point que presque généralement la présence du veau est nécessaire pour opérer la traite; il en résulte pour les éleveurs de graves inconvénients : impossibilité de sevrer les veaux, de les habituer à des barbottages et à une nourriture supplémentaire en rapport avec le développement qu'on veut leur donner; nécessité en tout temps de leur abandonner une partie notable du lait de la mère; suppression du lait chez celle-ci dès que le veau vient à disparaître; et tous les inconvénients que ceux-là peuvent engendrer, d'où naît la difficulté de modifier profondément la race. — Si le peu d'abondance du lait de nos vaches en Algérie peut être légitimement attribué aux ardeurs du climat et à la sécheresse de nos herbes, il faut bien reconnaître que les méthodes vicieuses employées pour la traite sembleraient condamner d'avance tous les efforts qui pourraient être tentés pour développer la race, car c'est dans les premiers mois surtout que l'éleveur peut exercer une action considérable sur les produits. Ces petits instruments, s'ils pouvaient triompher de l'énergie musculaire des trayons, seraient donc bien faits pour aider puissamment à résoudre le problème, et nous nous sommes attachés à nous édifier sur toutes les expériences dont ils avaient pu être l'objet. On nous les signalait comme essayés d'une manière permanente chez M. Jules Noray, à Larue, près Bourg-la-Reine, entre les routes d'Orléans et de Villejuif. A défaut de renseignements obtenus de ce côté (mais que rien n'empêcherait les intéressés de chercher à se procurer), à défaut aussi des vaches qui se trouvaient à l'Exposition de Billancourt et l'avaient quittée depuis peu, nous avons voulu faire essayer sous nos yeux les appareils sur les vaches laitières du Champ-de-Mars. L'un des éleveurs auxquels nous nous sommes adressés a refusé de procéder à l'expérience, alléguant qu'elle avait eu lieu sur une de ses vaches quinze jours auparavant, et que le surlendemain l'animal avait souffert d'une inflammation du pis qui avait amené la suppression de son lait.

D'autres éleveurs, qui eux aussi avaient fait précédemment l'essai de ces instruments et n'en avaient éprouvé aucun inconvénient, se sont prêtés sans difficulté à l'expérimentation : le lait coule comme d'un robinet ou d'un syphon amorcé, et rien n'empêche vers la fin de faire descendre un peu le lait avec la main sans retirer les appareils : on recommande de les placer tous les quatre à la fois.

Il résulte de ce qui précède que les appareils, dont le prix est de huit francs pour les quatre, fonctionnent bien, mais que l'expérience seule pourra nous enseigner si leur emploi présente ou non des dangers pour les animaux, et qu'en tous cas la plus grande délicatesse doit être apportée en enfonçant le sifflet dans le trayon, afin de ne pas blesser l'animal dans cette partie si sensible. Nous serions d'avance portés à croire qu'avec de la précaution les dangers sérieux pourraient être écartés, et qu'avec nos vaches algériennes les sifflets ne devraient pas être enfoncés à fond.

Nous signalerons encore les robinets d'arrosoirs de Ravenau, constructeur, 45, rue Rochechouart, à Paris. L'arrosoir entier coûte 10 francs; ses becs en cuivre et fort simples n'offrent aucun des inconvénients des pommes d'arrosoirs, toujours disposées à se boucher et à se perdre : ils font former à la veine liquide une nappe en éventail qui finit, par se franger en pluie, et cette invention très-simple nous paraît destinée à rendre de bons services dans les jardins.

Nous appelons l'attention des agriculteurs sur le système d'engrais normal exposé par M. Goux, 49, rue de Longchamps, à Paris, et qui consiste à recevoir les matières dans des tonneaux garnis sur leur pourtour de balles de céréales, que tous nos colons pourraient facilement se procurer. L'opération demande deux tonneaux, un moule et des poussières de battage ; le fumier paraît parfait et absolument sans odeur. Il y a évidemment là une ressource d'avenir pour la culture. L'usine est rue des Entrepreneurs, 17, à Grenelle, près Paris.

Mentionnons encore les moulins portatifs à bras et à manège de M. A. T. Mercier, constructeur à la Ferté-sous-Jouarre (Seine-et-Marne). Le prix varie de 400 à 825 francs. Ces instruments peuvent rendre de fort bons services dans les exploitations isolées ou dans les douars éloignés des moulins, pour soulager le travail des femmes arabes.

Un concasseur d'avoine ou d'orge de Biddell (Ransomes et Sims, constructeurs). Le prix est de 78 fr. 75. En Algérie où les blés sont généralement orgés, l'emploi de cet instrument devrait être vulgarisé pour concasser l'orge destinée à la nourriture des animaux, afin de lui enlever la faculté de germer dans les fumiers.

La machine à battre à vapeur de Ransomes et Sims, qui paraît avoir donné en Espagne et en Égypte de fort bons résultats, et à laquelle ses constructeurs viennent d'ajouter de nouveaux perfectionnements qui permettent d'obtenir la paille non plus hachée, mais brisée comme sous les pieds des chevaux. Chacun sait que c'est sous cette dernière forme seulement qu'elle peut servir dans nos contrées à la nourriture des animaux.

Nous mentionnerons pour mémoire seulement ces belles machines qui coûtent de 10 à 14,000 francs.

Une machine à fabriquer les briques creuses, tuiles et tuyaux, système Joly-Barbot, à l'usine du Petit Saint-Lazare, à Blois (Loir-et-Cher). Cette machine bien construite dispense de tout travail de manipulation et de moulage ; l'argile convenablement arrosée est broyée et malaxée dans la machine qui peut à la rigueur se passer de locomobile et fonctionner au moyen d'un manège ; elle emploie, soit des argiles grasses, soit des terres franches et pierreuses. Trois hommes inexpérimentés suffisent pour la desservir ; elle rend de 600 à 1,000 briques à l'heure, suivant qu'elles sont pleines ou creuses. Elle pèse 1,000 kilogrammes et coûte 1,200 francs. Nous avons cru devoir la signaler, en présence des qualités d'élasticité que la brique présente pour les constructions au point de vue des tremblements de terre et à cause de l'importance que nos colons attachent à tout ce qui peut diminuer le prix de revient des constructions agricoles.

Les locomobiles à vapeur de Brisson, Fauchon et Cie, à Orléans (Loiret). Une machine de la force de trois chevaux, montée sur roues, coûte 3,500 francs ; les constructeurs pourraient s'entendre pour établir le foyer de manière à chauffer au bois, avec de la broussaille, si abondante dans certaines parties de l'Algérie.

Le bélier hydraulique d'Ernest Bollée, fondeur au Mans (Sarthe). Le prix de ce bélier, qui est au minimum de 700 francs, varie beaucoup suivant la chute dont on dispose.

Les hangars en tôle économique (sans charpente) de la société des forges de Montataire.

Le manège locomobile à transmission verticale et à orientation de M. Creuzé des Roches, construit par M. H. Maréchaux, à Montmorillon (Vienne). En Algérie où le charbon est rare et toujours trop cher, où les chaudières destinées à être alimentées par la broussaille ne sont pas encore répandues, cette machine pourrait dans beaucoup de cas remplacer les locomobiles.

Une pompe à double effet, du prix de 105 francs, qui figure à l'Exposition espagnole (Jules Foucault, représentant, 40, avenue de Suffren, à Paris).

La ruche en paille exposée par Pilter, déjà nommé.

L'Algérie a un tel besoin d'eau pour l'alimentation des fermes et pour les irrigations que nous avons particulièrement recherché dans l'Exposition un système pouvant opérer l'ascension de l'eau par le simple effort des vents. Cette force toujours capricieuse, mais que les brises de la Méditerrannée mettent à notre service d'une manière à peu près constante, n'a pas été jusqu'ici très-heureusement utilisée : cela tient notamment à ce que tout moulin à vent demande en général un surveillant pour le conduire et l'orienter, et qu'au point de vue de l'élévation de l'eau la première condition requise est que l'appareil puisse se passer de surveillant, s'orienter lui-même et fonctionner, quelle que soit la faiblesse ou l'intensité du courant. Nous avons recherché dans l'Exposition les appareils de ce genre, et bien qu'aucun d'eux ne nous ait absolument satisfaits, nous les mentionnerons pour appeler sur eux l'attention des Algériens.

Nous avons vu successivement :

Un moulin à vent, système Thirion (Belgique).

Un moulin à vent de Lefèvre se voilant automatiquement. S'adresser à M. Baral, 39, rue du Faubourg-Saint-Martin, Paris.

Un moteur à vent par Dellon et Formis, constructeurs à Montpellier (Hérault).

Enfin le moteur à vent exposé dans le voisinage du phare par M. Lepaute, 146, rue de Rivoli, à Paris. Ce dernier appareil dont plusieurs spécimens fonctionnent auprès de St-Germain est construit dans des conditions de luxe qui ne permettent pas d'en faire l'application en Algérie; mais le principe même sur lequel il repose pourrait servir de point de départ à la construction d'appareils simples appropriés à nos besoins. Il se compose essentiellement d'un disque formé par des surfaces hélicoïdales très-nombreuses, et l'on conçoit facilement qu'un pareil système rigide peut défier la violence des plus forts ouragans. — Il nous a paru que ce système pèche un peu par paresse et que lorsque le vent faiblit l'effet devient nul. — On pourrait remédier à cet inconvénient en augmentant le diamètre du disque. — Celui des deux appareils qui est contenu dans une sphère à claire-voie fonctionne souvent à rebours, faute de bien s'orienter; mais l'appareil qui s'oriente librement remplirait complètement le but en augmentant la barre d'orientation.

On conçoit aisément un appareil de ce genre réduit à ses éléments essentiels, construit dans des conditions économiques et agissant, soit sur le piston d'une pompe par une tige rigide, soit sur l'axe d'une noria au moyen d'une courroie de transmission.

Nous avons examiné un grand nombre de pompes, parmi lesquelles nous pouvons citer les pompes Coignard (76, rue Lecourbe, à Paris), les pompes Noël (56, rue d'Angoulême-du-Temple, à Paris), et les pompes de Peltier, jeune (10, rue Fontaine-au-Roi), et un certain nombre de norias. — Nous renvoyons les intéressés aux décisions à venir du Jury concernant l'Exposition Agricole de Billancourt.

Mais nos recherches ont porté principalement sur une espèce d'instrument dont l'agriculture algérienne aurait le plus grand besoin : nous voulons parler des charrettes et surtout des roues en fer.

Il n'y a pas un colon en Algérie qui n'ait gémi des frais exorbitants d'entretien et de renouvellement que réclament ses chariots ; et pourtant ils sont indispensables pour le transport des fumiers, l'approvisionnement des fourrages, la rentrée des récoltes, la livraison des produits, les provisions de la ferme, etc., etc. — Ces dépenses excessives, qui empêchent dans beaucoup de cas nos agriculteurs de se procurer d'autres instruments nécessaires au perfectionnement de leurs cultures, n'ont pas d'autre cause que la destruction rapide et inévitable du bois par les alternatives de chaleur torride et d'humidité.

L'olivier lui-même, ce bois si dur et si gras dont nos charrons ont consenti à se servir malgré les difficultés qu'il leur présentait et qui semblait devoir échapper à l'action du soleil, ne résiste pas : le bois se cuit, se calcine, s'évapore pour ainsi dire : les couches de peinture ne constituent qu'un impuissant palliatif. C'est du fer qu'il faut pour résister à ces causes énergiques de destruction, auxquelles vient souvent s'ajouter le passage des roues dans les gués des ruisseaux ou des rivières sans ponts.

10

Le corps des voitures était depuis longtemps trouvé; les fers à double T qui réunissent à la fois de suffisantes qualités de rigidité et de légèreté peuvent en effet être et sont déjà très-utilement employés pour la construction des échelles de chariots; seules, les roues, c'est-à-dire la partie la plus importante, la plus sujette à l'usure et aussi la plus dispendieuse, manquaient : pour une jante pourrie, pour une raie déchaussée, pour un peu de jeu survenu dans l'ensemble par suite de la dessiccation des bois, le charron était obligé de démonter et de remonter toute une roue.

Nous avons donc cru rendre à l'agriculture algérienne un réel service et répondre à un de ses besoins les plus pressants, en recherchant dans l'Exposition toutes les roues en fer qui pouvaient y figurer.

Nous en avons vu un grand nombre; toutes les machines locomobiles à vapeur, et plusieurs batteuses, ainsi que les avant-trains de charrues, quelques semoirs, les râteaux à cheval et en général les instruments de fermes sont pourvus de roues de ce genre.

Nous avons remarqué :

Celles d'une locomobile exposée par l'ingénieur Peltier et portant ce nom de constructeur : A. Roufflet, mécanicien, rue Saint-Ambroise-Popincourt, 33, à Paris; celles d'une autre locomobile exposée par Ransomes et Sims; — des roues très-fortes et très-lourdes dont l'usure constatait le long usage, et ayant servi pendant douze ans au transport des énormes blocs de pierres de taille qui s'emploient dans les constructions de Paris. — Les roues d'un camion du chemin de fer d'Orléans exposées à Billancourt et servant à transporter des chargements de 40,000 kilog. de marchandises sur le pavé de Paris, roues d'un beau modèle et qui n'ont que le défaut de coûter 100 francs les 100 kilog. chez leurs constructeurs, MM. Peillon, Arbel et Deflassieux, frères, à Rive-de-Gier (Loire); et d'autres roues plus simples employées par la Compagnie des asphaltes de Paris; mais celles de ces roues qui supportent des poids légers sont en fonte et faciles à casser; les autres sont trop compliquées, trop chères, sans fabrication courante et très-difficiles à réparer en cas d'accident.

Ce qu'il nous fallait avant tout, c'étaient des roues réparables par le premier forgeron venu, soit en cas d'accident, au moyen d'une soudure, soit dans le cas d'usure normale, par le remplacement de la partie usée. Nous pensons avoir trouvé des roues remplissant les conditions requises chez MM. Coutant, frères, maîtres de forges, 17, rue Impériale, à Ivry, Seine.

Le moyeu seul est en fonte et alésé pour les essieux qu'il doit recevoir ; les raies, formées de la réunion de deux bandes de fer plat assemblées par deux rivets, viennent s'y noyer par leurs extrémités tordues de telle sorte que tout arrachement est impossible. Les jantes sont fournies par les raies dédoublées à l'endroit où elles atteignent la circonférence, de telle sorte qu'une même bande de fer constitue successivement la moitié d'une raie, la totalité d'une jante et en retour la moitié d'une seconde raie. Un cercle de fer un peu plus large enserre et réunit entr'elles toutes les jantes qui ne forment plus qu'un corps avec lui. C'est sur ce cercle que l'on pose le bandage de la roue, qui est lui-même un peu plus large et peut être facilement remplacé quand il est usé.

Il résulte des renseignements qui nous ont été fournis par les constructeurs qu'on peut donner à ces roues toutes les dimensions voulues, en proportionnant les grosseurs des fers aux poids à supporter et que les prix varieront de 50 à 55 francs les 100 kilog. On a ainsi évalué que quatre roues d'un chariot, les deux de devant de 0 m. 90 c. de hauteur, celles de derrière de 1 m. 10 c. pesant 550 à 580 kilog., coûteraient de 275 à 290 francs, sans essieux ; les constructeurs peuvent également fournir des essieux alésés.

De semblables roues ne sont pas beaucoup plus chères que des roues en bois, comme acquisition première ; elles sont infiniment plus économiques.

Nous avons vu à Billancourt des roues fabriquées d'après le même modèle et appliquées à une scierie à vapeur construite par Frey, fils, ingénieur mécanicien, 23, impasse Rébeval, à Paris.

Enfin il nous reste à mentionner les vêtements économiques à l'usage des travailleurs, exposés par la société des cités ouvrières de Mulhouse : nous avons vu des cabans à 6 fr. 50 c. fabriqués par Carcassonne fils, à l'Ile-sur-la-Sorgues (Vaucluse), et des cabans imitation alpaga, à 6 fr. 70, fabriqués par MM. Arnoux et Fournon (Vaucluse). Nous les signalons comme un moyen d'améliorer le vêtement des prolétaires arabes associés comme khammès ou autrement avec les colons européens pour l'exploitation du sol. Il est inutile d'insister sur l'immense influence des articles à très-bon marché et tout confectionnés pour rapprocher de nous les Indigènes. Cette influence se fait sentir tous les jours davantage : la Commission ne pouvait que les constater une fois de plus.

DEUXIÈME PARTIE.

INDUSTRIE.

Dans les expositions précédentes, l'Algérie ne s'était guère révélée qu'au point de vue de la production des matières premières : l'Exposition de 1867 nous la présente au point de vue industriel, plus sûre d'elle-même, plus disposée à prendre une large part dans la mise en œuvre et la fabrication de ses produits.

Dans l'étude de ces questions nous examinerons successivement :

Les œuvres d'art ;

La mise en œuvre des produits minéraux ;

La mise en œuvre des produits végétaux ;

La mise en œuvre des produits animaux ;

Les industries diverses ;

La question des travaux publics.

Œuvres d'art. — Jusqu'à présent les beaux-arts n'ont été et ne pouvaient être cultivés dans la Colonie qu'au point de vue de certains besoins et de certaines nécessités.

L'Algérie a été plutôt un motif passager qu'un sujet d'études suivies. Les artistes de l'Europe, les artistes français surtout, y ont souvent puisé de grandes et belles inspirations, et le seul profit qu'elle en ait retiré a été d'être un peu mieux connue.

L'architecture est de tous les beaux-arts celui qui a pris en Algérie le plus de développement; mais il a fini par se ressentir profondément du milieu dans lequel il se produisait. Obligés de répondre à l'installation de services administratifs semblables à ceux de la mère-patrie, ayant la même organisation et les mêmes divisions, les officiers du Génie, les ingénieurs des Ponts-et-Chaussées et les architectes des bâtiments civils, lorsqu'ils ont eu des constructions à élever, n'ont fait qu'appliquer les principes qu'ils avaient puisés en France, de sorte que dans un pays qui fut jadis pendant une longue période au pouvoir des Romains on vit de nouveau, après une solution de continuité de plusieurs siècles, régner souverainement la plate-bande et l'arcade.

Parfois cependant ingénieurs et architectes ont eu à construire des édifices destinés aux Indigènes, et alors obligés d'entrer de plain-pied dans une branche de l'art que peu d'entre eux possédaient parfaitement, il leur a fallu reproduire les grands motifs de l'architecture arabe, retrouver la grâce merveilleuse et l'inépuisable fécondité des ornemanistes orientaux. Reconnaissons que les constructeurs s'en sont souvent tirés d'une façon remarquable ainsi qu'on peut le voir à Alger dans la nouvelle synagogue, dans la façade de la grande mosquée et dans certaines parties de la cathédrale; à Laghouat, dans les constructions de l'hôtel du commandant supérieur, de la mosquée et d'une place à arcades, ces derniers travaux exécutés en briques sous l'habile direction de M. Vincent, capitaine du Génie.

On peut se faire une idée de la plupart de ces ouvrages par les nombreuses photographies et les dessins qui figurent à l'Exposition Universelle.

La trace de la longue occupation romaine se retrouve dans un grand nombre de ruines : les plus multipliées et les plus importantes sont dans l'Est. Elles ont été l'objet de savantes et consciencieuses études dans les publications de la Commission scientifique, dans le *Recueil archéologique de la province de Constantine* et dans *la Revue Africaine* publiée à Alger par la Société historique.

Sous l'influence des Romains et la direction d'artistes grecs, les rois indigènes qui précédèrent la domination de Rome firent élever d'assez nombreux édifices. Les deux plus remarquables sont le monument appelé Medr'asen, dans la province de Constantine, et le *Tombeau de la Chrétienne*, dans celle d'Alger.

On doit à la munificence de l'Empereur d'avoir enfin pu dissiper le mystère qui enveloppait depuis plusieurs siècles ce dernier édifice. L'exploration, après avoir permis d'en faire une restauration complète qui figure au Palais du Champ-de-Mars, a démontré que c'était bien là le tombeau commun de la famille royale de Mauritanie, signalé par Pomponius Mela comme se trouvant entre Cæsarea et Icosium (Cherchell et Alger). Espérons que des travaux de même nature permettront de découvrir l'origine et la destination du Medr'asen. En attendant, nous avons à l'Exposition un modèle fort intéressant de son état actuel, exécuté par un garde du Génie, M. Beauchetat, sous la direction de M. le Général Périgot.

L'architecture et l'archéologie nous conduisent tout naturellement à la photographie, qui en est souvent la fidèle interprète. Nous citerons, entre autres, les belles photographies des monuments arabes de Tlemcen, par M. Maigné ; celles de M. le capitaine Piboul, qui reproduisent d'une manière heureuse les plus remarquables et les plus lointains aspects du Sahara ; enfin celles de M. le capitaine d'Etat-Major De Champlouis, obtenues au moyen d'un procédé humido-sec très-apprécié de tous les voyageurs et dont la méthode est aussi simple qu'ingénieuse.

L'art typographique a atteint en Algérie un certain degré de perfection. Il est sorti des presses de M. Bastide, à Alger, des volumes qui peuvent supporter la comparaison avec les plus belles publications faites en France. Les ouvrages arabes de M. Bresnier sont, en outre, ornés de chromo-lithographies fort bien exécutées.

Les cartes se rattachent par certains côtés à la typographie. L'art algérien est représenté dans cette classe par une série de belles planches, parmi lesquelles on devra remarquer et étudier la *Carte générale de l'Algérie* au 400,000e, dressée par ordre de Son Exc. M. le Maréchal, Gouverneur Général, et sur laquelle on a indiqué, d'après les documents officiels, les routes, les centres de population, les terres cultivées, etc. N'oublions pas un travail fort important de M. le capitaine Nau de Champlouis : c'est la *Carte de l'Afrique sous la domination romaine,* avec une notice alphabétique qui lui sert de complément et d'explication.

Quand on sait le soin et la sollicitude avec lesquels ont été installés la plupart des villages dans les trois provinces, on serait disposé à croire qu'il ne restait rien à faire à ce sujet et que toute expérience était épuisée.

La Société climatologique d'Alger ne le pense pas, et elle a envoyé à l'Exposition le plan en relief d'un village colonial, ainsi qu'un spécimen en plâtre de maison de colon.

Nous devons à M. Leroux, Ingénieur civil à Bouffarick, le plan et le projet d'une ferme en Algérie, ainsi que le plan d'une habitation à l'abri des tremblements de terre.

Il paraît impossible de quitter ce sujet sans dire un mot, au point de vue de leur introduction en Algérie, des habitations réunissant le bon marché aux conditions d'hygiène et de salubrité (Xe groupe, classe 93).

La construction et la disposition intérieure d'habitations destinées à des installations modestes, notamment pour les familles d'ouvriers, ont été depuis un assez grand nombre d'années l'objet d'études répétées. L'intérêt des manufacturiers non moins que l'humanité en faisaient un devoir rigoureux. C'est ce qu'ont pensé les propriétaires des mines de Blanzy (Saône-et-Loire) lorsqu'ils ont organisé leurs quatre importantes cités ouvrières, exemple qui fut suivi plus tard, en 1853, par les manufacturiers de Mulhouse.

L'Empereur lui-même, estimant avec raison que ces matières étaient dignes de sa haute sollicitude à l'égal des sujets les plus importants de la politique et du gouvernement, a voulu montrer de quelle manière il entendait la solution pratique de cette question, au moins en ce qui regarde la population des villes. Sa Majesté a fait élever dans le voisinage du Palais du Champ-de-Mars, avenue de La Bourdonnaye, quatre grandes maisons renfermant en tout 176 petits appartements et logements, dont le prix varie de 470 à 120 francs. C'est en général la moitié de ce que coûteraient de pareils locaux dans l'intérieur de Paris.

La construction de semblables cités, modifiée selon les exigences du climat, pourrait très-bien se faire dans les villes de notre Colonie et y offrir les mêmes avantages qu'à Paris. En Algérie la question des logements salubres a un intérêt particulier pour les campagnes, et si nous avons porté une attention spéciale sur les modèles de maisons et de cités ouvrières admis à l'Exposition Universelle, c'est que leurs plans et leurs distributions peuvent le plus souvent s'appliquer aux habitations de nos colons.

Les quatre spécimens d'habitation exposés sont ceux de Blanzy et de Mulhouse; la maison de MM. Japy et Cie, du prix de 3,000 francs, et une autre dont la dépense totale s'élève à 2,000 francs. Dans les unes comme dans les autres n'est pas compris l'achat du mobilier. De ces quatre modèles celui des maisons ouvrières de Mulhouse nous a paru répondre aux meilleures conditions d'une bonne installation. Dans ce modèle, le rez-de-chaussée est sur cave et assez élevé au-dessus du sol. Ce genre de construction nous semble devoir être recommandé de la manière la plus pressante aussi bien dans les campagnes que dans les villes. Ce sera une excellente condition de salubrité générale.

Une autre disposition qu'offrent les maisons ouvrières de Mulhouse et qui a été beaucoup trop négligée en Algérie, ce qui a été la cause première de fièvres nombreuses, c'est d'avoir ménagé dans la partie supérieure un grenier dont l'effet est de mettre le premier étage à l'abri des grands froids et des grandes chaleurs.

Quant au principe d'après lequel les maisons de Blanzy et de Mulhouse sont amodiées, il est à regretter qu'on ne l'ait pas plus souvent appliqué. En effet, le locataire après avoir versé une somme première de deux à trois cents francs et payé un léger loyer de 54 francs par an, soit 35 centimes par jour, devient propriétaire de l'immeuble qu'il occupe, après une durée de 18 à 20 ans.

Le bien-être matériel ne profite pas seul de ces avantages : il est facile de comprendre tout ce que peut avoir d'influence morale sur les ouvriers des villes et des campagnes la perspective de posséder un jour la maison saine et commode qu'ils occupent à titre de locataires. Le goût de l'épargne succède à l'habitude de fréquenter le cabaret. Aussi faisons-nous des vœux pour que le système d'amodiation adopté à Mulhouse, à Blanzy, à Beaucourt, s'introduise en Algérie, et nous l'espérons d'autant plus qu'en dernière analyse quelques-uns des propagateurs de ces entreprises éminemment utiles à la classe pauvre paraissent en avoir retiré déjà des bénéfices.

Mines. — L'Algérie possède un grand nombre de gîtes minéraux qui peuvent offrir à l'industrie des ressources très-variées. Plusieurs d'entre-eux ont été l'objet de tentatives d'explorations ou d'exploitations qui ont été abandonnées par suite du peu de facultés pécuniaires des premiers explorateurs et avant qu'on fut fixé sur leur valeur commerciale. D'autres sont encore vierges de tout travail, par suite du découragement qui pèse depuis plusieurs années sur l'exploitation des mines de l'Algérie.

Un examen attentif de la collection minéralogique qu'elle a envoyée à l'Exposition Universelle permet de juger de la variété des richesses métallifères de cette région. Le fer, le cuivre, le plomb, l'argent, le zinc, le sel, s'y trouvent en abondance. Les matériaux de construction ne font défaut nulle part, et si l'Algérie se sert encore en beaucoup de points des matériaux de la mère-patrie, c'est que les constructeurs reculent devant la première mise de fonds nécessaire pour mettre en œuvre les gîtes algériens.

Il est utile de faire connaître les ressources de toute nature que le sol de l'Algérie présente à l'industrie minérale, car cette industrie serait appelée à prendre un développement considérable si elle était vivifiée par des capitaux suffisants.

Nous signalerons les principaux gîtes minéraux contenus en Algérie, en indiquant le parti que l'on pourrait tirer des plus importants :

1° *Combustibles minéraux.* — Les combustibles minéraux sont rares et ne consistent jusqu'ici qu'en anthracite de qualité médiocre et en lignite.

Nous mentionnerons dans la province d'Oran : le lignite des environs d'Hadjar-Roum, à 23 kilom. Est de l'Isser ; c'est un combustible de bonne qualité, sur lequel on n'a exécuté que des recherches insuffisantes pour reconnaître l'étendue et l'importance du gîte.

L'anthracite de la montagne des Lions, à 13 kilom. Nord-Est d'Oran, est un combustible de qualité médiocre à l'affleurement, mais le gîte en a été imparfaitement exploré.

Dans la province d'Alger, on trouve sur la rive droite de l'oued Zaouïa, à 7 kilom. Ouest de Zurich, un lignite de bonne qualité en couches de plus d'un mètre de puissance. Il serait utile de faire des recherches sérieuses sur la valeur industrielle de ce gisement.

Dans la province de Constantine, nous signalerons le lignite de Smendou ; les recherches faites, et qui se continuent, tendent à démontrer que ce combustible peut être utilement employé dans l'industrie.

On voit par cette énumération sommaire que l'Algérie est pauvre en combustibles minéraux et qu'elle doit tirer ces derniers soit de la France, soit de l'étranger. Cette nécessité, fâcheuse à un certain point de vue, lui permet du reste de faire des échanges avec les pays qui lui fournissent la houille et le coke qui lui manquent. En retour de ces combustibles qui sont le pain de l'industrie, elle pourra livrer les minerais de fer, de plomb, de cuivre, qu'elle peut produire en abondance.

2° *Minerais de fer.* — Parmi les minerais de fer il y a lieu de citer :
Dans la province d'Oran, l'hématite rouge compacte de Sidi-Safi, à 16 kilom. d'Aïn-Temouchent et à 8 kilom. du bord de la mer. Teneur en fer 61 0[0 ; — amas considérable, exploitable à ciel ouvert.

L'hydroxide de fer de Sidi-Yacoub, sur la limite orientale de la concession de Gar-Rouban, qui est un minerai de bonne qualité, exploité anciennement par les Arabes.

Hydroxide de fer d'Aïn-Kebira, à 5 kilom. Est-Nord-Est de Nedroma; teneur en fer 56.07 0/0; minerai de bonne qualité, anciennement exploité par les Arabes.

Hydroxide de fer manganésifère de Bab-Mteurba, à 6 kilom. Sud de la rade d'Hanaïn; teneur en fer 56.20 0/0; gîte exploitable à ciel ouvert, très-considérable.

Hématites de fer du Djebel-Aoutia, à 16 kilom. Nord-Ouest d'Aïn-Temouchent et sur le bord de la mer; teneur en fer 44.56 0/0; gîte très-considérable.

Fer oligiste micacé du Djebel-Mansour, à 1,000 mètres du rivage et à 1200 Sud-Ouest du cap Ferrat, auprès d'Oran; teneur en fer 65 0/0.

Fer oligiste du cap Ferrat; teneur en fer 65 0/0.

Les produits du Djebel-Mansour et du cap Ferrat pourraient être utilisés comme lest sur les navires du port d'Oran et seraient traités dans les usines à fer du littoral de la Méditerranée. Quant aux autres gîtes de minerais de fer, qui se trouvent pour la plupart dans les Traras, ils se présentent dans de moins bonnes conditions pour une exploitation immédiate, à cause de leur éloignement d'un port de mer. Mais l'ouverture de routes carrossables et la création d'abris sur les côtes pourront modifier cet état de choses. En outre, lorsque l'Algérie renfermera une population européenne plus dense, elle offrira des débouchés sur place à des minerais de fer qui seraient trop éloignés du littoral pour être exportés.

Dans la province d'Alger, hématite rouge et brune des Gourayas, sur le rivage de la mer, entre Cherchell et Ténès; gîte concédé et exploité sur une petite échelle, à cause de l'insécurité de la rade. Teneur en fer 62 0/0; certains filons renferment une gangue de sulfate de baryte qu'on peut enlever par un bon triage.

Hématite verte et brune de Souma, sur la lisière Sud de la plaine de la Métidja, à 10 kilom. de Bouffarick; minerai d'excellente qualité, sans mélange de gangue nuisible; teneur en fer 60 à 64 0/0; gîte concédé; exploitation bien conduite; filons très-nombreux et très-puissants, exploités les uns à ciel ouvert, les autres par des travaux souterrains. Les exploitants se proposent d'exporter leurs minerais en Angleterre et de rapporter en retour de la houille et du coke ; un haut fourneau pourrait être alors construit à Alger pour utiliser une partie des minerais de Souma.

Minerais de fer de l'Oued-Meselmoun ; gîtes non concédés, susceptibles de produire une grande quantité de minerai de bonne qualité, exploitables à ciel ouvert. Le minerai pourrait être exporté par mer au port de Cherchell, qui deviendrait le point d'embarquement des minerais de fer qui sont très-répandus dans les environs de cette localité.

Hématites rouge et noire du Zaccar Rharbi, auprès de Miliana ; gîtes très-puissants, non concédés ; l'émir Abd-el-Kader avait commencé à Miliana la construction d'un haut fourneau pour tirer parti de ces gîtes. Teneur en fer de 50 à 62 0/0. Les gîtes sont trop éloignés du littoral pour qu'on en tire parti en ce moment, mais l'exécution du chemin de fer d'Alger à Miliana rendra possible leur exploitation si les tarifs ne sont pas trop élevés.

Hématite rouge du Djebel-Temoulga, à l'est d'Orléansville ; gîtes considérables, non concédés ; exploités avant l'occupation française. Teneur en fer 58,24 0/0 ; le voisinage du chemin de fer d'Alger à Oran en facilitera l'exploitation.

Minerai de fer oligiste de l'Oued-el-Keddache, à 4 kilomètres nord du col des Beni-Aïcha ; gîte non concédé, situé à l'extrémité orientale de la plaine de la Metidja. Il se compose de fer oligiste cristallisé, à petits grains d'acier très-pur et très-riche en fer, dont il renferme 65,94 0/0 ; il est facile à exploiter à ciel ouvert.

Dans la province de Constantine : fer oxidulé magnétique d'Aïn-Mokra. Gîte concédé, très-considérable. Cette exploitation à ciel ouvert, qui est très-bien conduite, fournit annuellement 300,000 tonnes de minerai d'excellente qualité qui donne en haut fourneau 65 de fonte pour 100 de minerai. Ce dernier est amené au port de Bône par un chemin de fer de 32 kilomètres de longueur et se vend dix francs la tonne, rendu sous palan. Il est consommé dans de nombreuses usines métallurgiques de France, et notamment dans celles de Firminy, du Creusot, de Rive-de-Gier, de Bessège, avec lesquelles les exploitants de la mine d'Aïn-Mokra, plus connue sous le nom de Mocta-el-Hadid, ont passé des marchés considérables.

Fer oxydulé des Kharézas, minerai d'excellente qualité. Teneur en fer 65 0/0 ; inexploité depuis trois ans, parce que les gîtes sont recouverts par des épaisseurs considérables de matières stériles et que l'exploitation souterraine en serait plus coûteuse que l'exploitation à ciel ouvert du gîte d'Aïn-Mokra qui appartient à la même Compagnie.

Fer oxydulé magnétique de Djebel-Rasçoul, à l'extrémité orientale du lac Fetzara ; gîte non concédé ; minerai d'excellente qualité ; teneur en fer 63 à 65 0/0 ; le gîte sera d'une facile exploitation.

Hématites de fer des Beni-Foughal, répartis en trois gîtes principaux situés à une distance moyenne de 14 kilomètres de la mer ; non concédés ; teneur en fer 55,09 à 61,01 0/0. Ils sont l'objet d'exploitations kabyles très-actives.

Hématites de fer de Bou-Aklân ; gîtes non concédés, exploités encore aujourd'hui par les Beni-Sliman, qui les fondent dans de petites forges à la catalane ; teneur en fer 58,28 0/0.

Hématite rouge du Djebel-Souma ; filon non concédé, de 3 m. à 8 m. d'épaisseur ; teneur en fer 62 0/0 ; gîte à une trop grande distance du littoral pour qu'on puisse en exporter les produits.

Hématite rouge du Djebel-Anini ; teneur en fer 65,45 0/0 ; minerai excellent, mais d'un abord bien difficile.

La teneur des minerais de fer de l'Algérie varie de 44,56 à 65,45 0/0 pour les minerais bruts, tels qu'ils sortent de la mine. Elle est en moyenne de 60,34, soit 60 0/0, et tous ces minerais sont d'excellente qualité. En France, la teneur moyenne est de 39 0/0 pour les minerais triés et lavés. Les minerais bruts doivent subir un à deux lavages qui les réduisent souvent à la moitié et même au tiers soit du poids, soit du volume primitifs. Ces minerais sont souvent sulfureux ou phosphoreux. On voit donc combien les minerais de l'Algérie sont supérieurs soit en richesse, soit en qualité à ceux de France. Ces faits sont bien connus aujourd'hui des industriels français qui emploient soit les minerais oxydulés d'Aïn-Mokra (Mocta-el-Hadid), soit les minerais hydroxydés de Souma.

En résumé les minerais de l'Algérie paraissent destinés à combler dans la fabrication du fer du continent européen un déficit réel, et ils n'ont rien à redouter de la concurrence résultant de l'exportation des minerais de fer de l'île d'Elbe et de l'Espagne.

3° *Minerais de cuivre, plomb, zinc, argent.* — Les minerais de cuivre, plomb, zinc, argent, sont souvent associés ensemble dans les mêmes gîtes ; aussi doit-on les réunir dans la même description.

Nous signalerons les suivants :

Province d'Oran, minerai de plomb argentifère de Gar-Rouban, sur la frontière du Maroc ; ce gîte concédé a produit, en 1866, 1,507 tonnes de galène, dont la teneur moyenne est de 65 0ʟ0 en plomb, avec une richesse de 90 grammes d'argent pour 100 kilos. de plomb.

Minerais de plomb et de zinc des Ouled-Maziz ; travaux momentanément abandonnés.

Minerais de plomb, de cuivre et de zinc de l'Oued-Habla ; gîtes non concédés : filons de quartz d'une grande puissance et d'une grande régularité, contenant du cuivre oxydulé, du cuivre carbonaté vert et bleu et des mouches de pyrites cuivreuses noyées dans de la blende et de la galène : gîte non concédé ; recherches tout-à-fait insuffisantes.

Minerais de cuivre et de plomb de Sidi-Aramon ; ce gîte est situé sur le prolongement des filons de l'Oued-Habla et n'est pas concédé.

Minerais de plomb argentifère de cuivre et de manganèse de l'Oued-Tleta ; gîte situé dans la tribu des Beni-Senous, cercle de Sebdou ; non concédé ; travaux de recherches insuffisants.

Galène et calamine de Djorf-el-Hamar, à dix kilomètres Nord-Ouest de Lalla-Maghrnia. La galène est pauvre en argent ; la calamine contient 44 0ʟ0 de zinc métallique. Ce gîte, non concédé, était autrefois exploité par les Arabes pour fabriquer du plomb et fondre des balles.

Minerai de cuivre du Djebel-Touila de Mzaïta, à quatorze kilomètres Nord-Ouest du village de Lourmel. Gîte non concédé et imparfaitement exploré ; il a fourni du cuivre pyriteux d'une richesse en cuivre variable de 15 à 31 0/0 et contenant du nikel, de l'étain et du cobalt.

Dans la province d'Alger : minerais de cuivre pyriteux de l'Oued-Allala aux environs de Ténès ; mine concédée ; travaux suspendus en 1858, probablement à cause du manque de ressources de la compagnie concessionnaire. Les gîtes de cuivre pyriteux sont nombreux et loin d'être épuisés. Il y a aussi du cuivre gris argentifère. Cette mine pourrait être remise en exploitation avec des chances de succès.

Minerais de cuivre pyriteux de l'Oued-Tafilet (environs de Ténès), concédés ; les travaux d'exploitation ne sont pas encore commencés ; il y aurait lieu de faire des travaux de reconnaissance assez étendus.

Minerais de cuivre pyriteux du Cap Ténès (environs de Ténès) ; mine concédée ; les travaux ont été suspendus, il y a plusieurs années, par suite de l'affluence des eaux et de l'insuffisance des moyens d'épuisement.

Minerais de cuivre et de plomb argentifères de l'Oued-Bou-Halou, près Ténès ; gîte non concédé ; travaux de recherches insuffisants ; plusieurs groupes de filons fournissent du cuivre gris pyriteux ; le cuivre gris renferme 31 ^{gr} 76 d'argent par tonne de cuivre.

Minerais de cuivre pyriteux du Djebel-Hadid, près Ténès ; gîte non concédé ; recherches insuffisantes ; le filon de l'Oued-Beliour y présente une veine de pyrite massive de 0 m. 13 d'épaisseur. Il y a au Djebel Hadid des amas de minerais de fer anciennement exploités par les Arabes.

Minerai de cuivre argentifère de Sidi bou Aïssa, près Ténès ; gîte non concédé, à peine exploré ; il renferme un filon de cuivre pyriteux et deux filons de cuivre gris. Ce dernier contient en moyenne 8 kilog. d'argent par 1,000 kilog. de cuivre.

On voit par ce qui précède que les environs de Ténès sont riches en gisements de cuivre argentifère qui méritent d'être l'objet de sérieux travaux de recherches ou d'exploitation plus suivis que ceux dont ils ont été l'objet jusqu'à ce jour.

Minerais de cuivre gris argentifère des Beni Aquil près du rivage de la mer, entre Ténès et Cherchell. Mine concédée ; les travaux d'exploitation ne sont pas encore commencés, la compagnie concessionnaire n'ayant, pas encore réuni les capitaux nécessaires. Les filons reconnus sont nombreux, réguliers, riches en cuivre et en argent. La teneur en argent varie entre 6 kilog. 44 et 8 kilog. 10 par tonne de cuivre.

Minerai de cuivre gris argentifère des Gourayas ; filon renfermé dans la concession de la mine de fer des Gourayas ; imparfaitement exploré. Le minerai renferme 13 à 36 0/0 de cuivre métallique et 72 k. 14 d'argent par 1,000 kilog. de cuivre. C'est plutôt un minerai d'argent qu'un minerai de cuivre.

Minerais de cuivre pyriteux et de galène de l'Oued Rehan et d'Aïn Kerma, près Miliana ; gîtes non concédés, recherches insuffisantes.

Minerais de cuivre pyriteux de Hammam Rhira, à 16 kilomètres Nord-Est de Miliana ; gîte non concédé, recherches insuffisantes ; teneur en cuivre métallique 28,74 0/0.

Miliana pourrait devenir un centre de travaux de recherches de minerais de cuivre et de plomb. On a vu que le minerai de fer y est aussi très-abondant.

Calamine et galène argentifère de l'Ouarencenis ; gîtes non concédés, quoique importants ; ils n'ont été l'objet d'aucun travail à cause de leur éloignement du littoral. La galène contient 190 g. 49 par 100 kilog. de plomb d'œuvre ; l'exécution du chemin de fer d'Alger à Oran pourra faciliter les travaux.

Cuivre gris argentifère des Mouzaïa ; gîte concédé, travaux suspendus depuis 1865. Il y a encore des ressources métalliques dans cette mine, mais elles ne paraissent pas de nature à encourager l'exécution de travaux aussi considérables que par le passé. Le cuivre gris des Mouzaïa renferme en moyenne 2 k. 50 d'argent par tonne de cuivre.

Minerai de cuivre pyriteux de l'Oued Merdja, sur la route de Blidah à Médéah ; gîte concédé, exploité peu activement jusqu'ici par suite de l'invasion des eaux d'infiltration. On a construit sur place une usine de préparation mécanique et une usine de fusion qui transforme les minerais pauvres en mattes tenant 20 à 25 0/0 de cuivre. L'oued Merdja fournit toute la force motrice nécessaire pour ces usines et pour les machines d'extraction et d'épuisement.

Minerais de cuivre pyriteux de l'Oued-el-Kebir ; mine concédée.

La région comprise entre Souma et Médéah, riche en filons de cuivre pyriteux et de cuivre gris, mérite l'attention des industriels.

Minerais de cuivre et fer (cuivre pyriteux et gris argentifère) de l'Oued Bouïnan, à 12 k. 550 m. de Rovigo. Gîte non concédé et non exploré. On y trouve des renflements de cuivre gris de 0 m. 40 de diamètre, renfermant 9 k. 34 d'argent par 1,000 k. de cuivre.

Minerais de fer avec indice de cuivre gris, de cuivre pyriteux et de galène de l'Oued Ouradzgea, à 10 kilomètres Sud de Rovigo. Gîte non concédé et non exploré. Le cuivre gris contient 7 k. 49 à 18 k. 80 d'argent par tonne de cuivre.

Galène de la Pointe-Pescade. Gîte non concédé. Il a été avant l'occupation française l'objet de travaux considérables. Les nouveaux travaux d'exploration entrepris par une compagnie européenne sont encore peu développés et ne permettent pas de se prononcer sur l'importance industrielle du gîte. La galène renferme 100 grammes d'argent par 100 kilog. de plomb d'œuvre, ce qui permet d'extraire l'argent avec avantage.

Les gîtes de cuivre gris de la province d'Alger sont remarquables par leur grande teneur en argent qui varie de 2 k. 50 à 72 k. 14 par tonne de cuivre. Les premiers explorateurs ne faisaient aucune attention à cette richesse, bien qu'elle augmentât très-notablement la valeur des minerais et que parfois elle fût beaucoup plus considérable que celle du cuivre contenu, notamment dans le filon cuprifère des Gourayas. Ils se sont découragés trop tôt, et l'abandon de leurs travaux a jeté malheureusement sur la valeur des gîtes cuprifères de l'Algérie un certain discrédit qui est loin d'être mérité. Les gîtes de cuivre pyriteux se sont montrés jusqu'à ce jour trop peu argentifères pour qu'on puisse tenir compte de la valeur qu'ils renferment en argent. C'est par là principalement qu'ils diffèrent des gîtes de cuivre gris.

Province de Constantine : Minerais de plomb argentifère du Kef-Oum-Theboul, près de La Calle. Gîte concédé, exploité sur une grande échelle. En 1865, la production a été de 11,980 quintaux métriques de terres oxydées, et de 13,710 quintaux métriques de

galène, à une richesse moyenne de 58 0/0 de plomb, 147 grammes d'argent et 6 décigr. 8 centigr. d'or par quintal de minerai.
— L'exploitation du Kef-Oum-Theboul est l'une des premières et
des plus prospères de l'Algérie.

Minerais de cuivre d'Aïn-Barbar. Gîte concédé; filons métallifères donnant des oxydes et des oxy-sulfures noires de cuivre, dites
terres noires, et des pyrites de cuivre avec mélange de blende
noire. La teneur en cuivre des minerais varie de 8 à 15 0/0.
L'imperfection des voies de communication est un obstacle momentané
à la prospérité de cette mine.

Minerai de plomb argentifère de Taguelmount, dans le Bou-
Thaleb, à 40 kilom. de Sétif. — Gîtes non concédés, exploités
autrefois sur une grande échelle par les Indigènes qui traitaient
le minerai d'une manière toute primitive. Ils sont en ce moment
l'objet de recherches sérieuses de la part d'une compagnie européenne. Le minerai contient en moyenne 38 0/0 de plomb métallique et 112 grammes d'argent par 100 kilog. de plomb d'œuvre.
Ces gîtes, qui paraissent d'une grande importance, sont au milieu
d'une contrée riche en eau et couverte de belles forêts.

Minerai de cuivre et de plomb argentifère de Ghil-oum-Djin,
dans les montagnes de l'Aurès. Gîte non concédé, exploré en
ce moment par une compagnie européenne. Il appartient à un
immense filon métallifère, dont on a pu suivre les traces sur plus
de 25 kilom. de longueur. Il se trouve au milieu d'un pays
dont le climat est sain et tempéré, où abondent des eaux vives
et diverses essences forestières. C'est un gîte plein d'avenir.

Minerais de zinc (calamine) du Djebel Nador, cercle de Guelma.
Gîte très considérable, exploitable à ciel ouvert.

La province de Constantine ne le cède en rien, comme on vient
de le voir, aux deux autres pour la production des minerais de
cuivre et de plomb argentifère.

Les produits des mines de plomb et de cuivre de l'Algérie trouveront toujours, quand ils ne seront pas élaborés sur place, un débouché certain dans les usines de la Métropole et de l'Angleterre, qui
traitent aujourd'hui des minerais venant de toutes les parties du

globe, car les minerais similaires de la France, de l'Italie et de l'Espagne sont loin de suffire à la consommation qui s'en fait en Europe.

4° *Antimoine et Mercure*. — Les minerais d'antimoine et de mercure de l'Algérie se trouvent principalement dans la province de Constantine.

Nous signalerons :

Minerais d'antimoine et de mercure d'El-Hamimat; gîtes concédés, mais non exploités depuis 1852. Ils fournissent de l'oxyde d'antimoine cristallisé ou compacte d'une teneur de 50 à 65 0/0 et du cinabre contenant 8 0/0 de mercure.

Minerais de mercure (cinabre) de Ras-el-Ma. Gîtes concédés; exploitation peu active en ce moment.

Minerais d'antimoine sulfuré de l'Edough, près de Bône. Les Arabes en ont extrait à plusieurs reprises de petites quantités d'antimoine qu'ils utilisaient dans la fabrication de la poterie, mais on n'y a jamais fait aucun travail d'une importance sérieuse.

Il résulte de l'énumération qui précède que le sol de l'Algérie recèle de nombreux gîtes de cuivre et de plomb argentifères, de zinc, d'antimoine, de mercure, souvent délaissés à la suite de recherches insuffisantes et trop souvent mal dirigées.

5° *Usines métallurgiques*. — Les usines métallurgiques sont encore peu nombreuses en Algérie. Les principales sont :

Dans la province d'Alger, l'usine à mattes de la mine de cuivre de l'oued Merdja.

Dans la province d'Oran, l'usine de fusion de la mine de plomb de Gar-Rouban.

Dans la province de Constantine, l'usine à mercure de Ras-el-Ma, qui vient d'être reconstruite récemment sur le modèle de celle d'Idria, en Carinthie.

L'usine de fusion de l'Halelick, près de Bône, qui est arrêtée depuis 1863; elle fabriquait de la fonte au charbon de bois avec les minerais de fer des environs de Bône.

Cette usine a subi plusieurs chômages dont les causes sont

complexes. Lors de l'organisation de cette affaire industrielle, on parait avoir fait des dépenses considérables et improductives, qui ont diminué notablement le fonds social et amené une première suspension. Lors de la reprise des travaux, les difficultés de se procurer du charbon de bois à bas prix soit dans les forêts de la subdivision de Bône, soit en Italie, ont pu contribuer à amener un nouveau chômage. Peut-être aussi l'affaire était-elle encore mal organisée. Quoiqu'il en soit, il y a lieu de croire que si l'usine de l'Halelick était bien administrée, elle trouverait autour d'elle tous les éléments de succès nécessaires à sa marche. Grâce à la nouvelle impulsion donnée à l'exploitation de la mine de fer d'Aïn-Mokhra, le minerai de fer qui était vendu primitivement 15 francs la tonne à l'usine de l'Halelick pourrait aujourd'hui lui être livré à 12 francs au maximum. Le développement que prend tous les jours l'exploitation des forêts de la subdivision de Bône doit nécessairement fournir le bois de charbonage à très-bas prix. Une partie des charbons pourrait être amenée à prix réduit à l'usine de l'Halelick à l'aide du chemin de fer d'Aïn-Mokhra. Si ces ressources étaient insuffisantes, les grands bateaux à vapeur de la Compagnie générale transporteraient facilement à Bône le coke de bonne qualité nécessaire pour combler le déficit. Grâce en effet aux perfectionnements introduits dans la fabrication de la fonte, l'emploi du coke. bien préparé mélangé au charbon de bois ne diminue pas la qualité de la fonte ni celle du fer qui en provient.

La fabrication de la fonte et du fer dans les usines de l'Halelick est une question très-importante et qui mérite qu'on l'étudie sur place avec le plus grand soin. La Compagnie puissante qui exploite aujourd'hui la mine de fer d'Aïn-Mokhra, et qui dispose de moyens de transports si remarquables entre la France et l'Algérie, pourrait mieux que toute autre donner une vie nouvelle à l'usine de l'Halelick.

6° *Sources salées, solines naturelles ou artificielles et gîtes de sel gemme.* — Nous mentionnerons :

Dans la province d'Oran, les eaux salées de la vallée du Rio-Salado, exploitées par les Indigènes.

Les lacs salés de Misserghin, d'Arzew, de Ben-Zian ou de la Mina, qui sont exploités par des Européens. Chacun de ces lacs produit annuellement de 1,500 à 4,000 tonnes de sel.

L'île de sel gemme située au Sud des Chotts, près de Géryville.

Le gîte de sel gemme des environs d'Aïn-Temouchent, qui est exploité par les Arabes.

Dans la province d'Alger, il existe différentes sources salées très-abondantes, exploitées par les Indigènes :

Une dans le cercle de Ténès ;

Une dans le cercle de Teniet-el-Haad ;

Une dans le cercle de Boghar ;

Une dans le cercle d'Aumale.

Sel de la saline artificielle de l'Oubey, à 4 kilom. Est-Sud-Est de Dellys.

Sel des salines naturelles du Zahrez-Rharbi et du Zarhez-Chergui, qui en été renferment une immense nappe de sel d'une blancheur éblouissante et de plus de 0 m. 70 c. d'épaisseur.

Sel gemme du Djebel-Sahari, situé au Sud-Est du Zahrez-Rharbi, sur la route carrossable d'Alger à Laghouat.

Sel gemme d'Aïn-Hadjera, situé à l'extrémité Sud du Zahrez-Chergui.

Ces deux salines naturelles, ainsi que les rochers de sel, sont exploités sur une petite échelle par les Indigènes des environs.

Dans la province de Constantine, 22 salines naturelles ou lacs salés, dont les principaux ont été loués par le Domaine ; cinq autres sont en outre susceptibles de donner de bons résultats à la location.

Sel gemme des Ouled-Kebbel, à 20 kilom. au Sud de Milah, exploité de temps immémorial par les Indigènes et produisant annuellement pour plus de 150,000 fr. de sel très-pur.

Sel gemme du Djebel Gharribou, situé auprès d'El-Oulaïa, exploité à ciel ouvert par les Indigènes.

Sel gemme des environs d'El-Kantara. Gîte analogue au précédent.

La nature a prodigué le sel à l'Algérie, soit sur le littoral, soit dans l'intérieur des terres. L'exploitation de ses nombreuses salines naturelles et de ses gîtes de sel gemme pourrait donc fournir d'immenses quantités de sel, mais l'éloignement des côtes et des centres de population est en général la cause qui s'oppose au développement de cette industrie.

7° *Salpêtre.* — On trouve dans la province de Constantine des terres salpétrées aux environs de Biskra. La fabrication du salpêtre s'y fait dans une usine dirigée par un officier d'artillerie.

8° *Matériaux de construction.* — Ces matériaux abondent dans les trois provinces de l'Algérie et de nombreux spécimens en figurent à l'Exposition Universelle.

Gypse ou pierre à plâtre. — Le gypse foisonne, on peut le dire, en Algérie et constitue : 1° des gîtes d'origine éruptive, qui ont alors peu de développement et se présentent le plus souvent à la séparation de terrains stratifiés d'âges différents; 2° des gîtes stratifiés régulièrement au milieu des couches contemporaines qui les renferment. Ils ont alors un développement très-considérable et on peut les suivre sur plusieurs lieues d'étendue, notamment au milieu des montagnes de la région des steppes. On les trouve également en dépôts considérables à la surface des immenses plaines du Sahara. Ils contribuent à y rendre les eaux potables lourdes et indigestes.

Un grand nombre de gîtes de pierres à plâtre du Tell sont exploités pour les besoins des centres de population les plus rapprochés. Ceux du littoral pourraient au besoin être l'objet d'un commerce d'exportation.

Marbres. — On remarque : dans la province d'Oran, les marbres onyx d'Aïn-Tekbalek exploités autrefois par les Romains, plus tard par les Maures de Tlemcen et remis en lumière dans ces dernières années. Ils fournissent ces admirables onyx translucides dont rien n'égale la transparence et la variété de tons. Ils font l'objet d'un commerce considérable et sont très-estimés à Paris dans l'industrie artistique de l'ornementation et de l'ameublement. Nulle part on ne trouve d'onyx qui puisse être comparé à celui d'Aïn-Tekbalek.

Le marbre jaune transparent des environs de Nédroma, gîte récemment découvert et qui paraît fournir une variété particulière d'onyx.

Des marbres verts.

Des marbres blancs nuancés de diverses teintes; on en a tiré jusqu'ici fort peu de parti, faute de débouchés.

Nous signalerons dans la province d'Alger :

Le marbre brèche du Chenouah, à 18 kilom. Est de Cherchel. Ce marbre, par son abondance et sa beauté, par sa proximité de la mer et les facilités qui en résultent pour l'embarquement, paraît appelé à un bel avenir industriel. L'exploitation en est languissante faute de capitaux.

On peut juger du mérite de ce marbre par les divers objets d'ornement qui figurent à l'Exposition Universelle.

Le marbre brèche des environs du Fondouck; deux gîtes importants, mais d'un abord difficile.

Le marbre brèche du cap Matifoux; gîte situé sur le bord de la mer, à peu de distance d'Alger, exploité autrefois par les Romains.

Il existe beaucoup d'autres gîtes de marbre dans la province d'Alger; mais ils sont loin des centres de consommation et les abords en sont difficiles.

Dans la province de Constantine, on remarque :

Les marbres du Filfila, situés près de Philippeville, sur le bord de la mer. Calcaire saccharoïde, généralement d'une belle couleur blanche et qui se rapproche beaucoup du marbre de Carrare. Exploité autrefois par les Romains sur une grande échelle, il peut fournir des blocs de toute dimension pour l'ornementation et même pour la statuaire.

Le marbre du fort Génois, situé sur le bord de la mer, à 8,500 m. de Bône. Il est blanc grisâtre avec veines noires ou gris-clair. L'exploitation est ouverte sur les anciens travaux romains. Elle se fait à la poudre et au coin, avec descente des blocs sur plan incliné jusqu'à la mer.

Pierres à chaux grasse ou hydraulique. — Les pierres à chaux grasse ou hydraulique ne manquent pas à l'Algérie. Les premières font rarement défaut pour les constructions ; quant aux autres on en a signalé un grand nombre de gisements qui ne sont encore exploités que sur une très-petite échelle. On emploie pour les travaux de construction des ports la chaux hydraulique du Theil, dont l'excellence est établie depuis longtemps pour les constructions à l'eau de mer ; mais pour les constructions à l'eau douce, dans l'intérieur de l'Algérie, on est amené de plus en plus à utiliser les chaux hydrauliques des localités les plus voisines, parce que l'emploi de la chaux du Theil est excessivement coûteux.

Les principaux points de la province d'Alger où l'on a reconnu l'existence de calcaires hydrauliques sont : Alger, Ténès, les gorges de la Chiffa entre Blidah et Médéah, Tizi-Ouzou, Dellys, Aumale, Aïn-Ousserah, Djelfa. — Les calcaires hydrauliques se divisent en deux classes, les calcaires argileux et les calcaires magnésiens ou dolomitiques. Les premiers doivent leur hydraulicité à l'argile qu'ils renferment, les autres à la présence du carbonate de magnésie qui est combiné au carbonate de chaux.

Les dolomies hydrauliques se présentent en couches puissantes et d'une facile exploitation : à Alger, dans les terrains cristallins de la Bouzaréah, et dans les chaînes montagneuses de la région des steppes, où elles forment des couches très-étendues.

Pierres de taille. — Les gîtes de pierre de taille sont très répandus dans la plupart des terrains stratifiés des trois provinces ; ils se divisent en deux grandes classes, les grès et les calcaires. Les terrains d'origine ignée fournissent également de bons matériaux de même nature. On indiquera notamment dans la province d'Alger : la roche éruptive de Kara-Mustapha, qui est facile à tailler et que l'on emploie au Fondouck ; la roche dioritique verte du Djebel-Arou-Djaoud, située sur le bord de la mer, entre Ténès et Cherchell, et qui est très-dure. Les Romains en ont extrait des colonnes de grande dimension ; quatre d'entre elles ont été placées autour du maître-autel de la cathédrale d'Alger.

Le porphyre vert à gros cristaux de feldspath blanc des environs d'Aumale donnera une belle pierre monumentale.

Terres à briques et à poteries. — Elles abondent dans tous les terrains stratifiés des trois provinces et notamment dans les terrains d'alluvion qui longent les rivières.

En Kabylie, la terre à poterie résulte de la désagrégation spontanée des roches granitoïdes. Des spécimens de briques et poteries européennes et indigènes figurent à l'Exposition Universelle.

Ardoises. — Le massif schisteux de l'Atlas renferme des ardoises d'un gris noirâtre qui sont employées par les Arabes pour recouvrir leurs tombes. Ces ardoises sont débitées en grandes plaques de 5 à 6 centimètres d'épaisseur.

Pouzzolanes naturelles. — Les gîtes de pouzzolane naturelle sont très-répandus dans la province d'Oran et constituent trois groupes distincts.

Le premier est situé à proximité de Nemours et de la frontière du Maroc.

Le deuxième, à l'embouchure de la Tafna. L'île de Rachgoun, d'où l'on a extrait longtemps de la pouzzolane pour le port d'Oran, en est une dépendance.

Le troisième près d'Aïn-Temouchent.

Ces pouzzolanes sont très-bonnes pour les travaux à l'eau douce ; mais on est en général dans la nécessité de les laisser sans emploi à cause de leur éloignement des centres de consommation. Aïn-Temouchent seul est bien placé pour utiliser les pouzzolanes qui l'avoisinent.

9° *Sources minérales*. — Les sources minérales sont très-répandues dans les trois provinces. On y trouve de nombreux représentants des quatre groupes suivants :

Eaux thermales simples, comprenant les eaux dont la composition est celle des eaux potables ordinaires et qui ne se distinguent de ces dernières que par leur température élevée.

Eaux sulfureuses.

Eaux minérales ferrugineuses.

Eaux salines.

Les sources minérales les plus remarquables du premier groupe sont :

Dans la province d'Oran, la source thermale d'Aïn-El-Hammam, située à 6 kilomètres Nord-Est de Sebdou. Elle forme une véritable rivière à la température de 25°.

Dans la province d'Alger, l'Aïn-Djerob, à 5 kilomètres de Zerguin ;

L'Aïn-Keddara, à 2 kilomètres 50 de Zerguin ;

L'Aïn-Zerguin.

Toutes sont très-abondantes et ne sont encore utilisées que pour l'irrigation des céréales.

Dans la province de Constantine, les sources de Sidi-Mimoun, de Sidi-Rached, de Salah-Bey, de Rabah et de Hamma, dans les environs de Constantine. Celles-ci constituent une rivière débitant 700 litres par seconde, à la température de 33° 10°. Elles font mouvoir plusieurs moulins.

Les sources de Bou-Merzoug, que les Romains amenaient autrefois jusqu'à Constantine.

Celles qui alimentent l'oasis de Biskra.

Les sources minérales les plus remarquables du deuxième groupe sont les suivantes :

Dans la province d'Oran, les sources thermales de Hammam-Bou-Ghrara, situées sur la rive gauche de la Tafna, à 11 kilomètres Nord-Est de Lalla-Maghrnia ; température 48°. Les Indigènes viennent de très-loin y prendre des bains pendant la belle saison ; on y a construit des piscines.

La source thermale de Sidi-Aït, sur la rive droite de l'Oued-Soughaï, près de son confluent avec le Rio-Salado ; température 52° ; utilisée en bains par les Indigènes.

Dans la province d'Alger, les sources thermales de l'Hammam-El-Hamé, dans l'Ouarensenis.

La source sulfureuse thermale située à 5 kilomètres Nord du Ksar-Zerguin, dans la région des steppes.

Les sources thermales de Berouaghia, à 22 kilomètres Sud-Est de Médéah, où se trouve une piscine.

Les sources thermales de la rive gauche de l'Oued-Okhris, à 44 kilomètres d'Aumale.

Toutes les sources énumérées ci-dessus sont utilisées par les Arabes à l'état de bains.

La source froide de Kebrita, auprès de Mouzaïa-les-Mines, se rapprochant de la nature des eaux d'Enghien.

Dans la province de Constantine, les sources thermales de Hammam-Meskoutine (cercle de Guelma). Elles sont remarquables par la présence de l'arsenic : leur température varie de 70 à 94°. On y a construit un établissement militaire et un établissement civil. Ce dernier prendrait un plus grand développement s'il était relié par de bonnes routes carrossables à Guelma et à Constantine. On s'occupe d'améliorer cet état de choses.

Les sources thermales des Bibans, sources importantes situées dans le cercle de Bordj-bou-Arcridj. Il y existe une petite maison et une piscine construite par le caïd de la Medjana.

La source froide d'Aïn-Mekebrita, située à 50 kilomètres Sud-Est de Constantine.

Elle est très-chargée de principes sulfureux. Sa température n'est que de 16°, celle de l'air étant 24°; c'est donc une eau sulfureuse froide, se rapprochant aussi de la nature des eaux d'Enghien.

La source de Hammam-Ouled-Zeid, sur la route de Soukarras à Bou-Hadjar ; eaux très-sulfureuses et très-salines, température 49°; on y a construit une petite maison et deux bassins.

Les sources de Hammam-Sidi-Trad, près de la frontière de Tunis; eaux très-sulfureuses, formant des dépôts de soufre. Il y a deux sources très-abondantes à 57° et à 65°, très-fréquentées par les Arabes qui y prennent des douches sous une chute naturelle. Les environs sont très-pittoresques.

Sources thermales des environs de Biskra ; elles débitent 50 litres par seconde à la température de 45°. Elles jaillissent au fond d'une grande piscine servant de baignoire commune aux Arabes qui les fréquentent en grand nombre.

Les sources minérales du troisième groupe sont :

Dans la province d'Oran, la source ferrugineuse et arsénicale du

Djebel-Touilah. Elle a été découverte dans les travaux de recherches exécutées sur les gîtes métalliques de Touilah.

Dans la province d'Alger, la source ferrugineuse et la fontaine des Cèdres, auprès de Teniet-el-Haad ; utilisée par les Européens.

La source ferrugineuse d'Aïn-Hamza, à 16 kilomètres Nord-Est de Miliana, voisine de l'établissement thermal de Hammam-Rhira où elle est utilisée.

Les sources alcalines et ferrugineuses de l'Oued-Edzelat, à 11 kilomètres Sud-Ouest de Dra-el-Mizan ; utilisées dans l'hôpital militaire de Dra-el-Mizan.

La source acidulée ferrugineuse de Mouzaïa-les-Mines, utilisée par les mineurs de Mouzaïa.

Les sources alcalines et ferrugineuses du Frais-Vallon, aux environs d'Alger.

Dans la province de Constantine, la source de Hammam-Sidi-El-Djoudi, dans le Guergour (subdivision de Sétif), abondante et réputée efficace contre les blessures.

Toutes les sources de ce groupe sont froides et employées comme boisson.

Les sources les plus remarquables du quatrième groupe sont les suivantes :

Dans la province d'Oran, la source thermale des bains de la Reine, aux environs d'Oran, sur le bord de la mer : température 52° ; un petit établissement de bains a été construit par un européen. Il est fréquenté par beaucoup de personnes d'Oran et de la banlieue.

Les sources thermales de Hammam-bou-Hadjar, situées à 50 kilomètres Sud-Ouest d'Oran ; très-remarquables par les grands filons de travertins et les cônes pierreux qu'elles ont formés. Leur température varie de 53 à 61°. Elles sont utilisées par les Indigènes à l'état de boisson et de bains. On a construit pour eux une petite piscine en maçonnerie.

La source thermale de Sidi-Abdelli, située sur la rive gauche de l'Isser, à 7 kilomètres Est du pont en pierre de la route d'Oran à Tlemcen. Température 38° ; débit 40 litres environ par seconde, utilisée à l'état de bains par les Indigènes.

La source thermale de Hammam-bou-Hanefia, située sur la rive droite de l'oued-el-Hammam, à 20 kilomètres de Mascara. Un établissement thermal y a été construit par les soins de l'État.

Dans la province d'Alger : les sources thermales de Hammam-Rhira, auprès de Miliana, qui alimentent un établissement militaire et un établissement destiné aux colons européens et aux Indigènes.

Les sources thermales de Hammam-Melouan, dans la vallée de l'Harrach. Elles sont très-fréquentées par les Indigènes des environs d'Alger et par les Européens. Une même piscine sert pour tout le monde, chrétiens, musulmans et israélites ; mais les heures sont différentes suivant les religions et suivant les sexes.

Dans la province de Constantine : les sources thermales de Hammam-Nbaïls-Nador, non loin de la route de Guelma à Soukarras : eaux très-salines à la température de 42 à 45°. Plusieurs sources incrustantes dont une intermittente. Il n'y a pas d'établissement.

La meilleure manière de tirer parti des sources thermales ou minérales de l'Algérie paraît être de construire des établissements qui coûtent peu et de ne pas chercher à imiter les grands établissements d'eaux minérales de l'Europe.

La population européenne assise en Algérie n'est pas assez considérable pour alimenter des établissements thermaux présentant tous les raffinements de luxe et de confort en harmonie avec les exigences du jour. Quant aux étrangers qui viendraient continuer en Algérie un traitement d'eaux thermales commencé en Europe pendant l'été, le nombre ne saurait en être assez grand pour couvrir les dépenses qu'entraînerait l'entretien des établissements thermaux d'Afrique pendant l'hiver.

Des échantillons des eaux de ces sources thermales figurent à l'Exposition.

L'embouteillage et le pastillage des eaux thermales ou minérales ont pris en France un très-grand développement. On comprend que de pareilles industries ne peuvent s'appliquer qu'aux eaux minérales dont l'efficacité pour certaines maladies est bien reconnue par une longue expérience. Nous citerons les eaux de Vichy et certaines eaux minérales de la chaîne des Pyrénées qui donnent lieu à un commerce important. On comprend facilement qu'en Algérie les opérations de ce genre n'ont pu prendre un développement bien sérieux, l'action médicale de ses eaux n'étant pas encore suffisamment connue du public. Quelques sources alcalines et ferrugineuses ont donné lieu à l'embouteillage pour la vente au dehors. Nous citerons entre autres la source d'Arcole aux environs d'Oran, les sources minérales du Frais-Vallon aux environs d'Alger, la source minérale acidule de Mouzaïa-les-Mines ; mais le débit en est jusqu'ici fort peu considérable. Quant au pastillage, c'est-à-dire à la fabrication de pastilles avec le résidu de l'évaporation, il n'a pu se faire encore. L'efficacité de nos eaux thermo-minérales doit nécessairement être consacrée par une longue expérience avant que l'industrie du pastillage appliquée à ces eaux ait quelque chance de succès.

Il est bien difficile de dire parmi les nombreuses sources minérales de l'Algérie celles qui sont similaires des sources minérales si variées de la France. Les analyses chimiques manquent encore pour un grand nombre d'entre elles. Du reste ces analyses ne suffisent pas toujours pour se prononcer sur le rôle qu'une source minérale peut jouer dans la thérapeutique. Ainsi la chaîne des Pyrénées renferme un très-grand nombre de sources thermales sulfureuses dont les compositions chimiques sont à peu de chose près identiques et dont cependant les propriétés curatives diffèrent essentiellement. Des faits analogues se reproduiront nécessairement en Algérie. Il paraît donc prudent de laisser à l'expérience des médecins le soin de faire connaître le rôle thérapeutique spécial que chacune de nos sources minérales peut remplir.

Mise en œuvre des produits végétaux. — Si l'Algérie est en mesure de fournir à notre industrie métallurgique un précieux contingent de matières premières, elle n'est pas moins riche en produits industriels végétaux.

Nous avons déjà apprécié, au point de vue agricole, la plupart des produits végétaux dont il va être question ci-après ; mais pour nous conformer à la division méthodique adoptée dans notre rapport et au risque de paraître nous répéter sur quelques points, il nous a paru indispensable de soumettre quelques-uns de ces mêmes produits à un nouvel examen, mais qui sera fait cette fois au point de vue de leur transformation par l'industrie, c'est-à-dire dans un ordre d'idées tout nouveau.

Coton. — L'exposition cotonnière de l'Algérie a fait une vive impression : les trois provinces y ont contribué, et grâce à ce concours empressé, les spécimens produits sont nombreux et complets. Toutes les espèces de cotons cultivées par les agriculteurs de la Colonie y sont représentées : longue et courte-soie, jumel, nankin même, mais ces deux dernières comme exception et résultat d'expériences que le succès a couronnées.

La Colonie ne s'est pas contentée d'envoyer les produits bruts de ses exploitations cotonnières : elle a tenu à en montrer les applications multiples et variées. Nous avons trouvé le coton courte-soie employé par la bonnetterie de Troyes sous toutes les formes, par la fabrication rouennaise, par les usines de Flers et de Bolbec. Il y a aussi à l'Exposition algérienne des velours de coton, fabriqués avec des cotons courte-soie et qui se distinguent par des qualités exceptionnelles; mais c'est surtout le coton longue-soie qui a donné lieu aux applications les plus remarquables. Ce coton est celui qu'emploie la fabrication de luxe à Lille, Mulhouse, Laon, Saint-Quentin, pour les étoffes légères et fines où excelle notre industrie nationale. La consommation totale de l'Europe en coton longue-soie est d'environ 60,000 balles par an. Or, avant les évènements qui ont changé les conditions économiques de la production américaine, jamais d'après les statistiques officielles la quantité de Georgie longue-soie, de Sea-Island, importée des Etats-Unis, n'a dépassé dans les années les plus riches le chiffre de 40,000 balles. Aujourd'hui l'Algérie ne devrait-elle pas songer à suppléer en partie l'Amérique? Sans même ambitionner de suffire à toute la consommation européenne, notre Colonie pourrait se proposer le but naturel d'arriver à produire assez de coton longue-soie pour alimenter les filatures de la France.

Il y a peu d'années encore, on pouvait reprocher au coton algérien de ne pas arriver aux lieux de filature avec toutes les qualités natives qu'il possède : la soie n'en était pas toujours nette ; l'égrenage laissait à désirer. — Il y a sous ce rapport un notable progrès. Les cotons exposés cette année sont généralement propres et nets ; la fibre en est intacte. Ce résultat satisfaisant doit être en grande partie attribué au perfectionnement de la culture, aux soins apportés à la cueillette et au triage. Il dépend aussi beaucoup de l'égrenage dont l'importance est capitale. Le Gouvernement l'a compris et lorsque l'essor à la culture a été suffisamment donné pour en assurer l'avenir, il a pensé judicieusement pouvoir appliquer au développement et au perfectionnement de l'égrenage les sommes qu'il distribuait précédemment à l'exportation des cotons.

On a remarqué avec regret la tendance à exporter d'Algérie en France des cotons non égrenés. Les producteurs se privent ainsi du bénéfice qu'ils trouveraient dans l'élaboration sur place de ces matières, et le sol nourricier qui les a fait naître s'appauvrit sans compensation.

Nous avons cherché à nous rendre compte des progrès que la mécanique avait pu réaliser depuis le dernier concours universel, et des améliorations survenues dans la construction et le système des égreneuses. Ici nos recherches ne nous ont montré d'abord que les anciennes machines se rattachant toutes aux trois grandes divisions suivantes : machines à scies (Américaines); machines à lames (Mac-Carthy); machines à rouleaux (Roller-Ginn).

Les machines à scies et les machines à rouleaux (ancien modèle) méritent toujours les reproches qui leur ont été faits précédemment : les unes déchirent le coton et les autres le feutrent. La machine Mac-Carthy perfectionnée par Platt est encore, en raison du rendement qu'elle donne et de l'état dans lequel elle livre le coton, la meilleure pour les ateliers d'égrenage d'une certaine importance.

Nous avons regretté de ne pas voir figurer à l'Exposition la machine Monteil, de Blidah. C'est pour les petites exploitations un instrument qui peut être employé avec avantage et qu'on peut considérer comme la meilleure des anciennes égreneuses à rouleaux.

Aux machines de ce genre se rattache celle de M. Chauffournier, de Paris. Nous nous sommes réservés d'en parler en dernier
lieu pour appeler sur elle l'attention particulière des planteurs.
L'égreneuse Chauffournier, au lieu des deux rouleaux tournant
l'un sur l'autre, en possède deux autres agissant en contact
avec les premiers et faisant fonctions d'étireurs. Un système ingénieux et simple de ventilateur à cylindre fait jouer incessamment
un courant d'air frais sur le coton et l'empêche de s'échauffer.
Le coton est parfaitement égrené par cette machine qui lui laisse
tout son duvet, circonstance précieuse pour certaines fabrications,
notamment pour celle du velours. Enfin un agent spécial vient
en temps utile pousser le coton devant les égreneurs, afin que
leur travail ne souffre pas d'intermittence.

Le rendement de la machine Chauffournier, avec une rotation
de 100 tours par minute, est presque d'un kilogramme de
coton brut par heure et par centimètre de surface travaillante
(pour le longue-soie). Ce rendement considérable, mais parfaitement constaté par des expériences qui ont eu lieu devant un
membre de la Commission, fait de l'égreneuse Chauffournier une
machine à bon marché, son prix ne dépassant pas 300 francs pour les
appareils de 24 centimètres de surface.

Ortie blanche de la Chine (China grass). — Après avoir parlé du
coton, la Commission ne pouvait oublier l'ortie de la Chine. Ce textile a été depuis quelques années l'objet de différentes tentatives
d'acclimatation en Algérie. Ces essais ont parfaitement réussi, et
l'Exposition offre des spécimens d'*urtica nivea*, l'un en tige, l'autre
grossièrement broyé, tous deux remarquables par la force de la
végétation. Mais quand il s'est agi de préparer ce produit, des difficultés jusqu'ici insurmontables ont empêché de l'utiliser. L'urtica
nivea ne peut se rouir complétement comme le lin ou le chanvre :
un principe gommeux trop abondant s'oppose à ce que le teillage
puisse s'en faire d'une manière satisfaisante. Il faut donc attendre
que quelque découverte de la science ait triomphé de l'obstacle.

Jusques là l'emploi industriel du China-Grass nous semble impossible. En Chine, il est vrai, on a trouvé le moyen de l'utiliser et de

fabriquer avec ses fils luisants de fines étoffes admirables de brillant ; mais là le traitement se fait par un grattage à la main. Ce n'est assurément pas en Algérie qu'on pourrait employer cette méthode.

Il y a deux ans, un inventeur avait cru trouver le moyen de résoudre le problème à l'aide de manipulations nombreuses et d'agents chimiques qui cotonisaient le China-Grass. La question n'a obtenu jusqu'à ce jour aucune solution pratique. Par suite la culture de l'urtica-nivea n'a pu se développer puisqu'elle manque de débouchés utiles.

Le Lin. — L'exposition linière de l'Algérie a fait sensation dans le monde industriel. La Commission anglaise (classe 28) en a fait l'objet d'un rapport spécial aux industriels du Royaume-Uni.

Nous nous sommes livrés à une étude attentive et comparée des lins de l'Algérie et de ceux exposés par les autres pays producteurs, et il en est résulté pour nous la conviction que nos lins sont appelés à égaler, s'ils ne le dépassent même, le succès de nos cotons. Cette opinion est partagée par les manufacturiers qui, depuis quelques années, utilisent les lins algériens.

Comme pour les cotons, la Colonie a exposé non-seulement les lins en paille récoltés sur son sol, les produits du rouissage et du teillage accomplis dans ses usines, mais encore les applications multiples du lin fabriqué par la filature et le tissage français. Les objets ainsi obtenus sont aussi nombreux que variés.

On y voit tous les emplois possibles du lin d'Algérie, depuis les cordages et les toiles de campement jusqu'aux batistes, aux dentelles et aux services de table. C'est une démonstration complète et matérielle que nos lins conviennent à tous les usages.

Il y a quelques années encore, la filature s'était vue obligée de s'arrêter aux n°s 30 et 40 ; maintenant, par le perfectionnement de la culture, par l'application de procédés de teillage et de rouissage mieux entendus, on est arrivé à obtenir des lins avec lesquels on file des n°s 300. Les plus beaux lins de Courtrai n'ont jamais permis d'aller plus loin.

En présence de ce résultat que la création des usines de Boufarik et de Planchamp (Philippeville) a permis d'atteindre, il ne reste qu'à multiplier le nombre des établissements de ce genre

pour voir la production du lin prendre un accroissement de plus
en plus rapide, et nous ne saurions qu'applaudir aux conseils et
même aux encouragements que l'administration n'a pas hésité à
donner dans ce but. Les débouchés sont assurés. La France qui
cultive cependant de vastes étendues en lin est encore chaque
année tributaire de l'étranger pour plus de 50 millions, nécessaires à l'alimentation en matières premières de ses nombreuses
filatures linières. Il y a là pour l'Algérie une vaste lacune à combler, avant que ses lins ne viennent faire concurrence à ceux que
récoltent la Flandre, la Bretagne, la Normandie et l'Anjou.

Si la question de l'égrenage est d'une importance capitale pour
le coton, celle du rouissage et du teillage n'est pas moins intéressante pour le lin. La tige du lin en effet ne saurait être l'objet
de transactions fructueuses si elle devait être exportée à l'état
brut; c'est une matière trop encombrante, trop volumineuse surtout
pour son poids. Il est indispensable de lui faire subir sur place
une première transformation et de ne livrer à la filature que des
filasses qu'elle puisse immédiatement utiliser, après les avoir pei-
gnées. Ce qui a pu retarder pendant quelques années le développement du lin en Algérie, c'est que l'on y manquait de notions
certaines et aussi de moyens pour arriver sur place à une bonne
préparation des tiges récoltées. Aujourd'hui cette situation a cessé,
au moins dans la zône d'approvisionnement des usines de Planchamp et de Boufarik. Il en sera de même partout où un établissement semblable sera fondé.

Le rouissage devra être toujours l'objet d'un soin particulier :
de lui en effet dépend la valeur de la filasse, et au-dessus de
cet intérêt mercantile, une considération supérieure, celle de la
salubrité publique, commande de n'employer que le procédé reconnu
le meilleur à tous égards : le rouissage à l'eau courante. Dans
ces conditions l'opération industrielle s'accomplit rapidement, et
en raison même du peu de temps que les tiges séjournent dans
l'eau, sans cesse renouvelée, cette eau ne peut dégager dans l'air
environnant des miasmes délétères en quantités suffisantes pour
nuire à la santé des populations.

Divers systèmes ont été essayés pour supprimer le rouissage. Nous ne parlerons pas des procédés chimiques qui ont pour effet d'ôter au lin toute sa résistance, toute sa force et par suite toute sa valeur. Mais quoiqu'on en ait prétendu, l'expérience a démontré aujourd'hui que le rouissage ne saurait être suppléé. La nature ne perd jamais ses droits ; il y a entre la fibre textile et la partie ligneuse du lin une matière gommeuse que le rouissage a pour objet de dissoudre. S'il n'y a pas eu avant le teillage une immersion plus ou moins prolongée dans l'eau, cette gomme rend presque impossible l'extraction de la filasse, et puis au premier blanchiment, elle se fond au grand préjudice du tissu fabriqué.

La main-d'œuvre est trop rare en Algérie pour qu'on puisse songer à y teiller le lin à la main. Ce procédé d'ailleurs a presque entièrement disparu, même en France. L'emploi des bonnes machines à broyer et à teiller est donc du plus grand intérêt. Nous avons cherché dans toute l'Exposition, notamment dans les sections propres aux pays liniers, les machines de ce genre qui auraient pu être utilement recommandées aux liniculteurs algériens.

La Belgique ne nous a montré que la machine Mertens, trop volumineuse, trop chère et surtout trop imparfaite pour mériter d'être introduite dans la Colonie.

Dans l'exposition du même pays, la machine de M. Lefébure, malgré les attestations flatteuses qu'elle a recueillies dans de précédents concours, ne nous a pas satisfaits.

L'Angleterre a de fort jolies machines à teiller ; mais elles sont chères et ne donnent pas un rendement en rapport avec leur prix et la force qu'elles nécessitent.

A l'Exposition de Billancourt, une teilleuse française, exposée par M. Pinet, a fonctionné devant nous d'une façon satisfaisante. Elle se rapproche du système de celles employées en Algérie aux usines de Planchamp et de Bouffarik. Jusqu'à ce que de nouvelles inventions mécaniques se soient produites, l'Algérie fera bien de s'en tenir à ces dernières machines pour l'outillage de ses usines.

L'Alfa. — L'alfa est devenu depuis quelques années l'objet d'un commerce important, surtout dans la province d'Oran. Un seul fabricant en a exporté en 1866 plus de 60,000 quintaux.

L'industrie européenne emploie utilement cette matière, après qu'elle a subi sur place une première transformation. L'alfa devient alors un auxiliaire du chiffon pour la fabrication de la pâte à papier.

Ce que nous avons vu dans l'exposition espagnole nous a démontré que l'alfa est susceptible de beaucoup d'autres applications, notamment pour la fabrication des cordages, des nattes, etc.

L'industrie trouvera des quantités inépuisables d'alfa dans la région des steppes des trois provinces.

Le Diss. — Le diss (*Arundo festucoïdes*), qui croît en si grande abondance dans certaines parties de l'Algérie, possède comme l'alfa les qualités nécessaires pour fournir des éléments à la fabrication des pâtes à papier.

Comme jusqu'à ce jour la préparation de la matière première a été trop coûteuse, il nous a paru intéressant de chercher une machine qui pût faire cette transformation d'une manière plus économique et permît d'utiliser pour la fabrication du papier ce produit naturel du sol algérien.

Malheureusement ces recherches n'ont pas abouti, et dans le nombre si grand des machines exposées cette année nous n'avons rien trouvé qui pût répondre au besoin dont nous cherchions la satisfaction.

Le diss est d'ailleurs moins abondant que l'alfa, et ne croît que dans les régions montagneuses du Tell. Sa racine a été récemment utilisée avec succès pour faire des brosses analogues à celles qu'on fabrique avec du chiendent.

Crin végétal. — C'est le nom commercial de la fibre extraite de la feuille du palmier nain. L'Algérie possède aujourd'hui plusieurs ateliers importants où cette matière est travaillée.

Le crin végétal sert à la confection de cordages grossiers, mais c'est surtout sous forme de crin frisé, teint en noir, qu'il entre en France, où il joue un grand rôle dans la confection des meubles à bon marché. La fabrication du crin végétal est une industrie intéressante en Algérie; elle fait vivre de nombreux ouvriers et constitue une ressource en temps de chômage.

Les quantités exportées chaque année des ports de l'Algérie atteignent un chiffre considérable : elles se sont élevées pour l'année 1865 à 3,142,717 kilogrammes, soit 1,309,389 kilogrammes de plus qu'en 1864.

Les végétaux filamenteux figurent la même année pour 2,331,741 f. dans les achats de la France, et pour 7,200,000 fr. dans ceux de l'Angleterre.

Le crin végétal, exposé dans le compartiment algérien du Champ-de-Mars, a attiré l'attention publique et recueilli de nombreux suffrages.

Tabac. — L'exposition algérienne offre une très-remarquable collection de tabacs en feuilles et de tabacs manufacturés : il y a là évidemment matière à un commerce considérable, et aussi dans le pays même à l'alimentation d'une industrie qui semble appelée à un grand avenir. Favorisé par le régime de liberté qui le protège, le tabac algérien devrait être aujourd'hui le concurrent du tabac américain sur tous les marchés de l'Europe, de l'Angleterre et de l'Allemagne principalement. Dans ces deux pays, il est assuré d'un débouché certain le jour où à tort ou à raison ses qualités seront un peu moins discutées. Il faut avant tout s'efforcer de corriger le défaut d'incombustibilité et le manque de saveur qui lui ont été reprochés. Pour atteindre ce but, ce n'est pas seulement aux améliorations de culture précédemment indiquées qu'il faut s'attacher; il faut aussi apporter le plus grand soin au triage, à l'assortiment et au séchage des feuilles; ne pas se hâter de les livrer au commerce, alors que la première dessiccation est à peine terminée. La fermentation habilement réglée peut seule donner au tabac algérien une saveur et une apparence qui le fassent apprécier sur les marchés consommateurs.

Il serait désirable qu'à côté de l'administration des tabacs, l'initiative privée pût arriver à réunir les récoltes des exploitations individuelles, ce qui permettrait de classer les tabacs par espèce et par mérite.

Nous avons vu à l'exposition belge une machine à couper le tabac exposée par M. Carton. Elle est simple, d'un prix peu élevé et fonctionne avec une grande régularité. A ces différents titres, elle nous a paru mériter d'être signalée. Elle pourrait être utilement employée en Algérie pour la fabrication des tabacs à fumer.

Les nombreux spécimens de cigares et de cigarettes exposés démontrent la perfection à laquelle leur fabrication est arrivée.

Il y a lieu d'espérer que la France sera prochainement ouverte, comme débouché nouveau, à ces remarquables produits.

Plantes oléagineuses. — Des échantillons d'huiles industrielles ont attiré notre attention à l'exposition algérienne. Nous y avons vu des huiles de coton, de colza, de lin, d'œillette, de ricin, fabriquées en France, avec des graines de provenance algérienne.

Ces huiles d'une perfection irréprochable prouvent qu'il y a dans cette branche de produits une source assurée de bénéfices pour la Colonie. En attendant que des usines s'y fondent pour cet objet, les graines que nous venons d'indiquer trouveront toujours sur les marchés français un débouché assuré. Les colzas d'Algérie,.quand ils sont bien récoltés, donnent en huile le même rendement que ceux du Nord de la France. Les graines de ricin fournissent pour l'industrie et pour la pharmacie une huile qui peut être comparée aux plus belles huiles italiennes.

Le colza a donné en Algérie des rendements considérables : malheureusement cette culture qui, l'année dernière, avait pris une grande extension dans la province d'Alger, est celle qui a eu le plus à souffrir des ravages des sauterelles, et cet échec en a momentanément détourné les agriculteurs.

Les graines de ricin se paient à Marseille 35 francs les 100 kilog.

La France achète à l'étranger, par année, des graines oléagineuses pour une valeur d'environ 70 millions de francs.

Matières tinctoriales. — Parmi les matières tinctoriales que renferme l'exposition algérienne, nous avons remarqué de très-belles racines de garance. Celles que l'Italie, l'Alsace et le département de Vaucluse ont exposées ne semblent pas leur être supérieures. Il est à regretter seulement que la quantité de garance produite ne soit pas plus considérable. Aujourd'hui que l'agriculture s'est améliorée, que l'habitude des cultures industrielles y rend les terres plus propres, mieux ameublies, la garance pourrait y croître dans des conditions très-favorables.

L'établissement de moulins à garance, usines peu coûteuses et faciles à installer, serait indispensable, afin d'éviter le transport des racines brutes et de permettre de livrer au commerce un produit prêt à être utilisé.

Comme propriétés tinctoriales, les garances d'Algérie ont depuis longtemps été jugées égales aux meilleures qui se récoltent dans les autres pays.

Produits animaux. — En Algérie, la mise en œuvre des produits du règne animal prend chaque jour plus d'importance. La différence si grande des lieux dans lesquels elle se fait établit tout naturellement deux divisions très-nettes dans son ensemble. Nous avons donc d'une part les produits animaux de la terre, et de l'autre les produits animaux de la mer.

Produits animaux de la terre. — Les produits à peu près uniques et dans tous les cas les plus importants de cette catégorie, sont ceux que fournit le bétail, et cela se comprend aisément si l'on réfléchit à la place considérable qu'il tient dans l'industrie agricole.

En présence des difficultés sans cesse croissantes que rencontre l'alimentation des populations européennes, entre autres celles de la France ; en présence d'épizooties qui viennent de temps à autre jeter ja perturbation dans la production animale du continent, il était évident que l'Algérie serait appelée un jour ou l'autre à amener ses bestiaux non-seulement sur les marchés de la mère-patrie, mais encore sur ceux de quelques États voisins.

C'est ce qui est arrivé, et depuis cinq ans l'exportation du gros bétail et des moutons en France et en Espagne ne cesse de prendre de nouveaux développements. Il était donc indispensable de porter une attention sérieuse sur les moyens qui peuvent permettre à l'Algérie d'accroître ses bestiaux, et notamment sur ces vastes steppes de la région centrale, où nous pourrons, sans difficulté aucune, en centupler le nombre. Ces différentes questions ont été abordées et traitées dans la première partie de ce rapport.

On s'est demandé si pour donner plus d'importance à une branche de commerce qui a tant d'intérêt pour la Colonie, on ne devrait pas abattre la viande sur place et la transporter au loin après l'avoir soumise à l'action de quelque procédé chimique qui donnerait la facilité de la conserver durant un temps plus ou moins long.

Il faut reconnaître tout d'abord qu'à l'exception des salaisons, les différentes méthodes proposées jusqu'à ce jour par les chimistes pour la conservation de la viande ne sont pas encore suffisamment expérimentées. Les distances sont-elles d'ailleurs tellement grandes entre l'Algérie et les parties de la France qui auraient besoin d'un apport de bestiaux étrangers, pour qu'on s'inquiète autant de la manière dont on pourrait amener la viande nécessaire à son alimentation? Nous ne le pensons pas, et nous pourrions démontrer même que l'envoi des bestiaux sur pied a d'incontestables avantages, non-seulement pour le producteur, mais encore et surtout pour le consommateur, et qu'il est indispensable de faire arriver les animaux vivants sur les marchés les plus éloignés, en utilisant, comme cela se fait déjà, des moyens de transport qui s'améliorent, s'agrandissent et deviennent chaque jour de moins en moins coûteux. N'oublions pas en effet qu'au grand réseau des chemins de fer de France, on ajoute actuellement dans un assez grand nombre de départements un réseau secondaire, qui portera l'animation et la vie jusques dans les parties les plus reculées de ce beau pays. Il y a tout lieu d'espérer qu'il en sera un jour de même pour l'Algérie, et que le commerce extérieur du bétail finira par être une de ses forces vitales les plus énergiques. Mais s'il est inutile d'appliquer à la viande de bœuf ou de mouton des procédés de conservation, il n'en est pas de même de celle du porc pour l'élève duquel la colonie présente des facilités considérables. La multiplication de la race porcine se trouve en Algérie dans des conditions exceptionnelles de développement si l'on examine la question seulement au point de vue de l'exportation. En effet, la population indigène musulmane et israélite s'abstient d'une manière absolue de la chair de porc, et les Européens eux-mêmes n'en feront jamais l'objet d'une consommation exagérée, attendu que dans les pays chauds comme l'Algérie on est moins disposé que dans le Nord à se nourrir de cette viande de digestion difficile. L'exportation restera donc le grand moyen d'écoulement de ce produit, lorsqu'il aura été mis préalablement en état convenable de salaison.

L'élevage du porc permettra aussi de fabriquer pour la consommation locale des graisses qui sont aujourd'hui importées en Algérie en quantités considérables.

Produits de la pêche. — Corail. — Les populations kabyles qui habitent les rivages algériens sur une grande étendue semblent en redouter les approches, et les derniers Arabes qui composaient les équipages des anciens corsaires ne se soucient plus guère de s'avancer au large. On a cherché à réagir contre ces tendances fâcheuses en créant à Alger une école pratique de mousses indigènes, et il est à désirer que le temps modifie les idées de la population des côtes, en la portant à partager sur mer nos propres travaux. Quoiqu'il en soit, la pêche maritime est en ce moment tout entière entre les mains des Européens : elle occupe 450 à 500 bateaux et 1,600 hommes environ d'équipage, dont la moitié est d'origine française.

La pêche algérienne n'a guère eu jusqu'à présent d'autre but que de répondre à la consommation locale; mais nous pensons qu'elle pourra, à son grand avantage, agrandir son action, augmenter ses produits et en consacrer une partie à l'exportation. La mer offre à cet égard d'abondantes ressources; le thon, les anchoix, les sardines nous semblent devoir être trois produits sur lesquels l'industrie côtière peut utilement s'exercer.

On a installé récemment près d'Alger, au cap Matifoux, une madrague qui a donné des résultats inespérés, ce qui est de nature à encourager la création d'autres établissements du même genre. Nous savons en outre que divers ateliers de salaison existent déjà depuis quelques années à Philippeville et qu'ils y prospèrent. En outre des marins qu'ils emploient pour la pêche, ces ateliers occupent une centaine de femmes et un assez grand nombre d'ouvriers de toute profession. Ils ont pu donner matière pour une seule année (1865) à une exportation de 300 tonnes, soit 300,000 kilogrammes de poissons salés. La marine et le commerce ne peuvent que gagner au développement de cette industrie.

Le sel, nous l'avons vu plus haut, existe en abondance sur toute la côte : il se trouve sur quelques points, comme à Arzew, à l'état naturel et en quantités considérables ; sur d'autres points on peut facilement le préparer dans des salines artificielles, ainsi qu'on le pratique à Dellys.

Quant au corail, 180 bateaux sur 327, c'est-à-dire plus de la moitié, appartiennent à des Français, alors qu'en 1845 on n'en comptait qu'un seul sur un chiffre total de 166. Ce résultat remarquable est dû tout entier aux efforts de l'Administration et aux sages dispositions qu'elle a prises. La pêche du corail occupe 2,000 marins et donne un produit de plus d'un million. Elle s'opère toujours au moyen du vieux procédé de la *salabre*, qui est aussi défectueux que la manière dont on recueille le corail. Les appareils à plongeur de M. Rouquayrol-Denayrouze, qui fonctionnent à l'Exposition Universelle, pourraient peut-être réussir dans cette difficile opération.

Cuirs et tanneries. — Bien que la plupart des exposants de cuirs soient Arabes, il n'en existe pas moins aujourd'hui dans les principaux centres de population des tanneries européennes qui sont venues compléter la fabrication indigène. Celle-ci est d'ailleurs considérable. On évalue qu'à Constantine le nombre de peaux qui entrent dans la fabrication est de 80,000 peaux de bœufs, de 6,000 peaux de veaux, de 80,000 peaux de moutons et de 100,000 peaux de chèvres. Pour se rendre compte de ces chiffres, il ne faut pas perdre de vue que Constantine est le centre de production d'une vaste province. La consommation qui s'en fait à Alger et à Tlemcen est aussi fort considérable.

Les tanneries créées par les Européens donnent déjà de bons

produits, mais nous pensons que ces établissements industriels aussi remarquables que ceux des Indigènes, gagneraient beaucoup à s'inspirer des procédés qui ont permis à l'Angleterre d'exposer des cuirs d'une qualité notoirement supérieure, surtout pour les cuirs de forte consistance.

Industries diverses. — On ne saurait traiter des industries diverses de l'Algérie sans être amené à les diviser en deux parties : l'industrie indigène et l'industrie européenne.

L'industrie indigène a l'aspect qu'avait l'industrie européenne dans les temps qui ont précédé la Révolution française. Le travail ne se fait pas par de grandes agglomérations d'ouvriers : il n'y a que de petits ateliers ou des ouvriers isolés et ce dernier cas se présente surtout pour les objets de luxe. Quelquefois même l'ouvrier, tel que le tisserand qui confectionne des tapis et l'orfèvre juif du Sahara, sont de véritables nomades. D'un autre côté certains produits ont une réputation séculaire qui s'attache particulièrement à leur provenance, ce qui établit la perpétuité de ces industries dans des localités déterminées. C'est ainsi qu'il faudra bien du temps pour faire oublier les burnous zourdani de Mascara ; les guétifa (tapis à longs poils) de Kalâ ; les marmites de Nédroma ; la sellerie de M'sila et de Constantine ; les coussins de maroquin brodés d'or et la poterie de Fez. Ces industries se sont immobilisées jusqu'à présent dans leur gîte comme dans leurs procédés, comme s'étaient immobilisées les nôtres ; mais elles se modifieront incontestablement dès que les besoins auxquels elles répondent depuis des siècles se seront modifiés eux-mêmes.

La physionomie des produits de l'industrie arabe, cet aspect particulier qu'on lui connaît, tiennent surtout au dessin, à l'agencement de la ligne. Ce caractère d'ailleurs reste immuable ; la tradition le respecte et le conserve. On nous a dit que les tracés des charmants coussins en maroquin rouge ou vert, en velours couvert de broderies d'or, apportés de Fez en Algérie, sont restés les mêmes depuis 400 ans. Cependant on voit tous les jours l'ouvrier des nattes ou des tapis créant le dessin de ses interminables lignes et les varier au cours de son œuvre, en s'abandonnant aux fantaisies de son imagination.

Nous devons faire pourtant une frappante remarque. Si l'on compare les produits des Indigènes de l'Algérie avec ceux de quelques pays musulmans, tels que l'empire ottoman, on dirait que l'art chez les premiers s'est amoindri, que l'esprit de création leur fait défaut et qu'ils hésitent dans de pénibles tâtonnements.

Peut-être serait-il nécessaire pour l'ouvrier indigène de se retremper aux sources du grand art arabe. Les écoles des arts-et-métiers récemment fondées ou sur le point de l'être, mises en possession de collections de modèles aussi riches que variés, pourront puissamment contribuer à cette revivification de l'art arabe.

Il y a à côté des indigènes musulmans l'israëlite sur lequel on doit beaucoup compter pour imprimer un essor tout particulier à l'industrie dont les produits sont destinés aux populations arabes ou kabyles. Les Israëlites ont une disposition spéciale pour les arts. Les légendes arabes nous les montrent toujours comme ingénieurs ou comme artistes. Tous les bijoutiers de l'intérieur sont israëlites, et dans les villes ce sont les meilleurs et les plus habiles brodeurs.

L'industrie indigène est représentée à l'Exposition par des tapis, des couvertures, des sacs de laine, des burnous blancs unis, noirs, gris et rayés, des haïcks et des gandouras; des poteries de différentes formes, des vaisselles, des jarres, des gargoulettes, des lampes, des plats en bois, des tasses d'alfa, des cuillères en bois, des paniers et des corbeilles en alfa et en palmier-nain, des fourneaux de pipe en racine de caroubier, des tuyaux de pipe en merisier et des plateaux en cuivre ornés de dessins en repoussé; des selles ou objets d'harnachement, des bottes de cavaliers, des chaussures d'hommes, de femmes et d'enfants en cuir maroquiné jaune, rouge et vert; des djebiras en cuir ou en velours brodé d'or ou d'argent, des cartouchières et des djellal ou couvertures de chevaux, etc.

Les tapis sont de plusieurs espèces ; les plus beaux sont les moquettes (zerbia). Il y en a dans ce genre qui rappellent tout-à-fait les tapis turcs. Puis viennent les tapis à longs poils (guetifa); le *hambel* et la *merrah* à poils ras. Ces tapis sont généralement cotés trop cher ; mais nous sommes autorisés à penser que ce sont des prix indiqués par les propriétaires de ces objets et non le prix vraiment commercial qui pourrait s'abaisser sensiblement si l'on tenait compte du prix réel de fabrication.

Les Indigènes commencent à acheter certains de nos produits de préférence à ceux de leur propre industrie, les armes par exemple. Nous aurons toutefois de la peine à supplanter ces longs fusils damasquinés, ornés de filigranes et de coraux, ces pistolets si riches d'ornementation et ces sabres qui se font remarquer par leurs fourreaux et leurs poignées pleins d'originalité.

On pourrait difficilement désirer une collection plus complète d'objets de campement que celle qui a été exposée cette fois. Depuis la tente assez grande pour recevoir une nombreuse famille et une partie de son troupeau jusqu'aux musettes et aux cordes, les Indigènes sont là dans leur milieu.

Enfin nous ne saurions abandonner ce sujet sans indiquer les objets de broderie en or et en argent produits par de jeunes filles indigènes dans des ouvroirs publics subventionnés par les provinces, et dont le principal est dirigé à Alger par Mme Luce qui a consacré plus de vingt-cinq ans de sa vie à l'instruction morale et professionnelle de la jeunesse musulmane.

Parmi les ateliers européens remarquables par leurs produits, nous citerons la fabrique de coutellerie de M. Étienne Dumigneux, à Oran, qui a exposé une collection très-complète de couteaux et de sécateurs.

De Chéragas, siége premier de la culture des plantes odoriférantes et de la fabrication des essences, l'industrie des parfums s'est répandue au loin et elle est aujourd'hui représentée à Mouzaïaville, à Rovigo, à Mostaganem et à Bône.

Il existe à Boufarik une vaste exploitation de plantes odoriférantes appartenant à un négociant de Grasse.

L'ébénisterie possède en Algérie même plusieurs ateliers qui fabriquent de bons meubles. Nous avons vu à l'Exposition quelque spécimens où l'ouvrier s'est peut-être trop inspiré du goût arabe pour la confection d'objets destinés aux usages de la population européenne.

A côté de ces meubles, il y en a d'autres qui ont été fabriqués en France avec des bois d'Algérie. Ces derniers sont fort beaux. Ils permettent d'apprécier en outre la valeur des richesses que possèdent les forêts algériennes. Jusqu'ici c'est Paris surtout qui les a employées aux besoins de la tabletterie représentée cette année à l'Exposition par une collection complète d'objets divers.

Travaux publics. — Nous venons de parcourir les différents groupes des produits de la Colonie, dont l'industrie tend chaque jour davantage à mettre en lumière et à développer les richesses naturelles.

Pour atteindre ce but, l'ensemble des travaux publics, dont une partie notable est déjà en voie d'exécution et dont le complément est désormais assuré, sera un auxiliaire indispensable. En effet, l'un des moyens les plus actifs et les plus efficaces d'affermir et de faire prospérer un pays qui se crée est incontestablement l'exécution de grands travaux publics.

L'Empereur, à peine revenu de sa visite en Algérie, signala ce besoin dans sa lettre mémorable du 20 juin 1865, et son premier soin a été d'y donner satisfaction. C'est à cette auguste initiative que nous devons la création d'une compagnie financière qui a consenti à l'État un prêt de cent millions destiné à assurer dans une période de six ans l'exécution de tous les ouvrages ayant un double caractère d'urgence et d'utilité publique.

Ces travaux se divisent tout naturellement en trois grandes catégories :

La première comprend ceux à faire dans l'intérêt de la navigation et du commerce.

La deuxième, les ouvrages proprement dits de viabilité, tels que les routes impériales et provinciales, les chemins de grande communication, etc.

La troisième enfin, les travaux intéressant la salubrité publique et le développement de l'agriculture, c'est-à-dire les dessèchements et les irrigations.

Nous allons les indiquer sommairement en suivant cette divi-

sion, et nous sommes heureux d'avoir sur ce point à constater
des résultats bien plus qu'à formuler des vœux.

PREMIÈRE CATÉGORIE. *Ports.* — Pour assurer un emploi réellement
avantageux des ressources dont il était permis de disposer, il a
fallu, laissant momentanément dans l'oubli quelques points secon-
daires de la côte, reporter tous les moyens d'action sur les ports
ou mouillages qui se recommandaient déjà par l'existence d'intérêts sérieux et qui se prêtaient mieux à de grands établissements.

La construction et l'amélioration de dix ports a été décidée :
trois dans la province de l'Ouest ; Nemours, Oran, Mostaganem.
Deux dans la province du Centre, Alger et Ténès. Cinq dans celle
de l'Est ; Bougie, Djigelly, Philippeville, Bône et la Calle.

Nemours, qui est le dernier point occupé sur la côte Ouest
de l'Algérie, est l'entrepôt de Nedroma et de Lalla-Margnia et il
partage avec Oran le transit de Tlemcen et de Sebdou.

La ville, bâtie le long d'une plage de sable très-mobile, est
exposée à tous les vents et voit son existence compromise par
les attaques de la mer. Les travaux à faire, et qui sont évalués à
200,000 francs, doivent avoir pour résultat de défendre la ville
et le mouillage contre l'envahissement des sables.

L'agrandissement du port d'Oran donnera lieu à une dépense
de neuf millions. Les travaux comprennent la construction de deux
bassins, l'un de six hectares et demi et l'autre de dix-sept, ce
qui, joint au bassin de quatre hectares qui existe déjà, présentera
une superficie de vingt-sept hectares environ, soit une étendue
égale à l'ancien port de Marseille.

Il n'existe devant Mostaganem qu'une plage battue en plein par
les vents du large. Les bâtiments pour éviter d'être jetés à la
côte mouillent à 5 ou 600 mètres du rivage, et néanmoins, malgré
ces conditions désavantageuses, Mostaganem occupe le cinquième
rang comme importance commerciale maritime.

Dans le but de faciliter l'embarquement et le débarquement des
marchandises, on a construit il y a quelques années une digue
de 100 mètres qui s'avance directement vers l'Ouest. Les nouveaux travaux à faire, et pour lesquels la dépense autorisée est

de 200,000 francs, consistent dans le prolongement du débarcadère sur cent nouveaux mètres d'étendue.

Entre Arzew et Alger, sur une longueur de 320 kilomètres, la côte n'offre aux navires ni port ni crique où ils puissent s'abriter en cas de mauvais temps. Ténès a été reconnu le point le plus favorable pour un port de refuge, et l'on a autorisé pour son établissement une dépense de trois millions.

Le port d'Alger, par son heureuse situation, sa vaste étendue et les magasins immenses que l'achèvement du boulevard de l'Impératrice a mis à la disposition du public, contribuera dans un avenir prochain à faire de cette ville une grande place de commerce et d'échange.

Ce port est actuellement formé par deux jetées de 2,000 mètres. Il offre un bassin bien abrité de plus de 90 hectares, accessible aux vaisseaux sur presque toute son étendue. Après le dérasement de la roche sans nom, il pourra contenir vingt vaisseaux, vingt frégates et trois cents navires de commerce. Les ouvrages restant à faire sont compris dans la répartition des 100 millions pour une somme de 4,660,000 francs et consistent notamment dans le prolongement de la jetée du Nord sur une longueur de 200 mètres, dans le dérasement de la roche sans nom et dans l'achèvement des quais.

Sur la demande du Conseil Supérieur de l'Algérie, un crédit de 400,000 francs a été accordé pour améliorer le mouillage de Bougie, destiné à devenir un jour un port d'une grande importance. Sous le rapport nautique, il constitue déjà un grand refuge, admirablement disposé pour être amélioré par l'art, et sous le rapport commercial, il est placé au cœur de la grande Kabylie et au débouché à la mer des vastes et riches bassins d'Aumale et de Sétif.

La ville de Djigelly dessert par son port un marché agricole assez important, dans la partie comprise entre ce port et la route de Bougie. Ce sera de plus le point d'embarquement naturel de plusieurs grandes exploitations forestières et notamment de celle des Beni Foughal.

Il a été construit tout récemment pour l'amélioration de ce port deux débarcadères en maçonnerie, et une jetée se dirigeant de l'Ouest à l'Est, c'est-à-dire suivant la ligne des récifs qui forment l'abri naturel de Djigelly. Les travaux qu'il y a lieu d'exécuter maintenant et pour lesquels il a été accordé une somme de 250,000 francs, consistent dans le prolongement, sur une longueur de 140 mètres, de la jetée actuelle.

Il résulte des documents officiels qu'en 1854, Philippeville prenait 15,93 p. $^o/_o$ de l'importation algérienne et 17,68 p. $^o/_o$ de l'exportation. Ce mouvement commercial déjà considérable est destiné à prendre une extension plus grande encore par suite du chemin de fer qui reliera Philippeville à Constantine, c'est-à-dire à l'intérieur de la province. Ces indications suffisent pour justifier la construction d'un port sur ce point. L'ensemble des travaux donnera lieu à une dépense de onze millions.

En 1854, le port de Bône a pris 8,53 p. $^o/_o$ de l'importation algérienne et 12,85 p. $^o/_o$ de l'exportation. Le marché maritime de cette place est alimenté, d'un côté, par les produits de la plaine, qui présente une étendue de plus de 200,000 hectares ; de l'autre, par les liéges et les bois des forêts de l'Edoug et des Beni Salah, ainsi que par les mines importantes exploitées dans cette partie du pays et notamment par celle de Mocta el-Hadid.

D'après le plan général qui s'exécute, la superficie de l'avant-port sera de 72 hectares, celle de la darse de 11 hectares et demi, et, en outre, un emplacement de 2 hectares conquis sur la mer servira aux besoins du commerce. Les dépenses autorisées s'élèvent à 5,200,000 francs.

Le port de la Calle n'est pas accessible aux navires d'un fort tonnage, et notamment aux bateaux à vapeur des Messageries Impériales faisant la correspondance, qui sont obligés de rester au large. Il n'est guère praticable que pour les caboteurs et sert de lieu de refuge aux bateaux corailleurs qui fréquentent cette côte.

Une jetée de 5 à 600 mètres de longueur a été jugée nécessaire pour donner à ce port une sécurité complète, et un crédit d'un million a été accordé pour l'exécution de cet utile ouvrage.

La marine et le commerce réclamaient depuis longtemps, comme complément indispensable des travaux maritimes à exécuter sur le littoral algérien, l'établissement de nouveaux phares. L'allocation spéciale d'un crédit de 1,700,000 francs va permettre de donner une entière satisfaction à ce besoin de première urgence, et vers la fin de 1868 le rivage algérien sera doté d'un système complet d'éclairage qui se composera de 7 phares de premier ordre, 1 de deuxième ordre, 3 de troisième ordre et 7 de quatrième, soit en tout 18 phares de dimensions diverses.

DEUXIÈME CATÉGORIE. *Routes et chemins.* — Cinq routes impériales sont décrétées pour l'Algérie, savoir :

D'Alger à Laghouat, d'une longueur totale de 438 kilomètres, dont 165 à l'état d'entretien, 40 en cours d'exécution et 233 à l'état de lacune.

D'Oran à Tlemcen, d'une longueur totale de 147 kilomètres, dont 140 à l'état d'entretien et 7 en construction.

De Stora à Biskara, d'une longueur totale de 328 kilomètres, dont 227 à l'état d'entretien, 5 en cours d'exécution et 96 en lacune.

D'Alger à Oran, d'une longueur de 412 kilomètres, dont 302 à l'état d'entretien et 110 en construction.

D'Alger à Constantine, d'une longueur de 427 kilomètres, dont 137 à l'état d'entretien, 59 en cours d'exécution et 231 en lacune.

Ces chiffres ont été empruntés à divers documents officiels qu'il nous a été possible de nous procurer : ils représentent la situation au 31 décembre prochain, c'est-à-dire après qu'il aura été fait un emploi intégral des crédits extraordinaires alloués pour l'exercice 1867.

Les routes impériales, qui constituent pour ainsi dire les artères principales du pays, sont dotées des crédits nécessaires pour que leur construction soit achevée au moyen des ressources provenant des 100 millions.

Les routes classées comme provinciales sont au nombre de 19, se répartissant ainsi qu'il suit par province :

DÉSIGNATION.	LONGUEUR			
	totale.	à l'état d'entre-tien.	en cours d'exécu-tion.	en lacune.
PROVINCE D'ORAN.	Mètres	Mètres.	Mètres.	Mètres.
Route n° 1, de Mostaganem à Mascara..	58,000	38,000	20,000	»
— n° 2, d'Oran à Mascara......... ...	100,000	100,000	»	»
— n° 3, d'Oran à Sidi-bel-Abbès.....	55,000	55,000	»	»
PROVINCE D'ALGER.				
Route n° 1, d'Alger à Dellys...........	89,000	89,000	»	»
— n° 2, d'Alger à Aumale..........	125,000	35,430	89,570	»
— n° 3, d'Alger à Blidah	26,100	26,100	»	»
— n° 4, d'Alger à Cherchell.	34,600	34,600	»	»
— n° 5, d'Alger à Koléah...	31,700	31,700	»	»
— n° 6, de Blidah à Koléah.........	20,000	20,000	»	»
— n° 7, de Blidah à l'Alma........	61,100	35,200	5,700	20,200
— n° 8, de Médéah à Miliana.......	60,500	»	7,800	52,700
— n° 9, de Miliana à Teniet-El-Haâd.	56,800	4,800	14,000	38,000
— n° 10, de Ténès à Orléansville...	55,300	55,300	,	»
PROVINCE DE CONSTANTINE.				
Route n° 1, de Bône à Constantine par Jemmapes......	92,465	92,465	»	»
— n° 2, de Bône à Constantine par Guelma...................	167,657	102,400	11,657	53,600
— n° 3, de Bône à La Calle.........	90,927	13,943	11,240	65,744
— n° 4, de Bône à Souk-Harras.....	87,020	79,420	7,000	0,600
— n° 5, de Bougie à Sétif...........	111,354	18,407	6,306	86,641
— n° 6, de Philippeville à Guelma..	76,260	42,397	33,863	»
Totaux..........	1398,783	874,162	207,136	317,485

Il résulte de ce qui précède que les routes provinciales offrent un développement total de 1398 kilomètres se répartissant ainsi :

 Province d'Oran : 3 routes d'une longueur de 213 kilom.

 Province d'Alger : 10 — — 560

 Province de Constantine : 6 routes — 625

Égal. . . 1,398 kilom.

Les portions de ces routes qu'il reste à ouvrir sur une étendue assez notable de leurs parcours (524 k.) devraient être construites en principe avec les fonds des budgets provinciaux ; mais ces budgets étant notoirement insuffisants, surtout dans les provinces d'Alger et d'Oran, l'État vient au secours des provinces et les met en mesure par des subventions proportionnées aux besoins de terminer dans un bref délai le réseau de leurs routes provinciales. Les sommes prévues à ce titre ne s'élèvent pas à moins de 10,320,000 francs.

Une mesure analogue a été adoptée pour les chemins de grande communication et même pour un certain nombre de chemins non classés, mais qui présentent un caractère sérieux d'utilité publique tant aux points de vue du développement agricole et commercial que de la défense du pays, tels que le chemin de Fort-Napoléon à l'oued Sahel, dans la province d'Alger, et celui des Beni Mansour à Bougie, dans la province de Constantine.

Les premières de ces voies ont un parcours de 1,569 kilom., et les secondes de 706. La dotation qui leur a été faite s'élève à une somme totale de 7,700,000 fr. pour les unes et de 3,662,000 fr. pour les autres.

Troisième catégorie. *Irrigations et dessèchements.* — L'importance des travaux de cette nature n'a pas besoin d'être justifiée : l'eau est en Algérie un besoin de première nécessité pour l'agriculture, et d'un autre côté, les marais qui forment des foyers pestilentiels sont un danger permanent pour les populations qui les avoisinent.

Parmi ces travaux, les uns sont laissés exclusivement à la charge de l'État, lorsqu'ils ont avant tout un caractère d'utilité générale. Les autres sont exécutés soit par des associations syndicales, soit par les communes, soit par l'industrie privée lorsqu'il s'agit d'un intérêt local ou d'une entreprise pouvant donner des bénéfices : dans ce dernier cas, des subventions sont accordées sur les fonds de l'État, d'après le montant des dépenses à faire, d'après l'étendue des terres susceptibles d'être concédées et en raison du chiffre des produits à obtenir.

Les dotations prévues à ces divers titres s'élèvent à une somme de 10,417,000 francs, se répartissant de la manière suivante :

Pour desséchements et travaux d'irrigations à faire directement par l'État. . . . . 3,127,000 fr.

Pour les subventions accordées à des syndicats, aux communes et à des compagnies. 7,290,000

Somme égale. . . 10,417,000 fr.

Par ce double concours de l'État et de l'industrie privée on est assuré de donner aux besoins existants la satisfaction qu'ils comportent réellement, tout en évitant d'exécuter des ouvrages inutiles ou trop dispendieux. Le but principal à atteindre en ce qui concerne les irrigations est de donner de l'eau à bon marché à l'agriculture, ce qui ne peut s'effectuer qu'au moyen de travaux économiques, de barrages nombreux mais n'ayant rien de monumental et de gigantesque, et en ne perdant jamais de vue que l'achat de l'eau ne représente que la moindre partie des dépenses qui doivent incomber à l'agriculture, les premiers frais à faire pour l'aménagement d'un hectare de terres destinées à l'arrosage étant fort considérables.

Aux travaux s'effectuant en vue des irrigations, et comme leur complément, il faut ajouter les forages artésiens qui s'exécutent dans les trois provinces de l'Algérie. Voici l'indication des principaux :

Dans la province d'Oran trois grands sondages ont été opérés : le premier à l'extrémité occidentale du grand lac salé d'Oran, à 3 kilomètres Nord-Est du village d'Er-Rahel. Il a été suspendu à la suite d'un accident, à la profondeur de 383 m. 65 c. On n'a pas encore trouvé d'eau jaillissante.

Le second a été creusé dans la plaine d'Eghris, non loin de Mascara. Il a été abandonné à la profondeur de 256 m., sans qu'on ait trouvé d'eau jaillissante.

Le troisième enfin a été foré à Mou-el-Gueloula, dans la région des steppes, à l'Ouest du bassin de Zahrez-Rharbi. On l'a suspendu à la profondeur de 150 mètres environ, à la suite de l'insurrection de 1854.

Les sondages de la province d'Oran sont exécutés par des ingénieurs de la maison Ch. Laurent et Degousée, sous la direction du service des mines. Cette province est la moins favorisée des trois par les pluies et conséquemment celle qui aurait le plus grand besoin d'eau pour les irrigations. Il est donc vivement à désirer que les nouveaux efforts qui seront tentés par l'administration amènent des résultats plus heureux que ceux obtenus jusqu'à ce jour.

Vingt-deux sondages ont été exécutés par le service des mines dans la province d'Alger (plaine de la Metidja et Sahel). Quelques-uns ont donné des eaux jaillissantes qui sont surtout d'une grande ressource pour l'alimentation domestique.

Le bassin de l'Oued-el-Halleg est celui qui donne les plus beaux débits, variant de 20 à 30 litres par seconde.

Six sondages ont été effectués dans les régions des steppes : deux seulement ont donné de l'eau jaillissante. Le débit le plus considérable est celui d'Aïn Malakoff, qui fournit 7 litres environ par seconde, à la profondeur de 81 mètres.

Le sondage de Chabounia a été poussé dans la plaine du Haut Chéliff à la profondeur de 380 mètres 18 centimètres, et n'a rencontré que des eaux ascendantes de qualité secondaire.

Le premier matériel employé dans la province d'Alger a été fourni par M. Kind : il a été modifié plus tard et complété par les outils ordinaires destinés à attaquer les terrains tendres par rotation à des profondeurs qui ne dépassent pas 60 à 80 mètres.

MM. Saury et Clément Purschett, maîtres sondeurs employés aux travaux de la province, ont inventé, chacun de son côté, un outil à chute libre d'une grande simplicité et qui remplace avec avantage l'outil à chute libre de M. Kind.

Ces outils figurent à l'Exposition Universelle. Celui de M. Saury a été décrit dans les *Annales des Mines* (6ᵉ série, tome v, page 345 et suivantes). L'appareil de M. Purschett a été décrit dans le même ouvrage (6ᵉ série , tome xviii , 2ᵉ livraison de 1866).

Un outil identiquement semblable à celui de M. Purschett a été exposé par MM. Ch. Heuvet et Villepique, ingénieurs-constructeurs à Autun (Saône-et-Loire), qui ont pris un brevet d'invention en France et à l'Étranger.

De nombreux sondages ont été opérés dans le bassin du Hodna (province de Constantine) et dans l'Oued Rhir. Ces derniers, qui ont une profondeur moyenne de 68 mètres et dont le nombre est d'environ 80, ont produit la plupart des volumes d'eau considérables, qui dans quelques-uns s'élèvent à 50 litres par seconde. Plusieurs de ces sondages ont redonné la vie à des oasis qui étaient envahies par les sables et dont les habitants n'auraient pas tardé à se trouver obligés de se disperser.

Dans le Hodna, les sondages ont une profondeur moyenne de 130 mètres. Ils sont au nombre de 20 environ. Les sources jaillissantes ont en général un débit moins considérable que dans le bassin de l'Oued Rhir.

Tous ces sondages, exécutés par le matériel fourni par MM. Ch. Laurent et Degousée, ont été dirigés avec autant d'habileté que de dévoûment, soit par des officiers de l'armée, soit par un ingénieur de la maison Degousée.

Dans le Tell de la province de Constantine, il n'a pas encore été fait de travaux de même genre.

Cet aperçu rapide de la situation algérienne, au point de vue des travaux publics, démontre que sous ce rapport la satisfaction la plus large, la plus complète est donnée aux besoins de la Colonie et qu'elle possèdera avant peu tous les moyens nécessaires pour la multiplication de ses produits et leur facile écoulement. Ces moyens s'accroissent d'ailleurs tous les jours par l'ouverture des chemins vicinaux et ruraux effectués aux frais des communes ; par les chemins muletiers construits dans l'intérieur du pays par la main-d'œuvre indigène et au moyen des ressources provenant des centimes additionnels ; par l'emploi des locomobiles à vapeur, dans le cas où les essais qui en sont faits en France et en Algérie, permettraient d'en étendre avantageusement l'application au transport des marchandises ; et enfin par l'exécution du réseau des chemins de fer algériens, dont la compagnie concessionnaire pousse la construction avec une activité dont on ne saurait trop la remercier.

Il nous semble superflu de discuter deux questions qui ont été soulevées dans le sein de la Commission, à savoir : la construction économique des chemins de fer, en vue de la réduction des tarifs de transport, et la création d'un service spécial d'agents-voyers.

Sur le premier point, les travaux du réseau algérien sont trop avancés pour qu'il soit possible d'apporter le moindre changement dans leur système d'exécution.

La Compagnie toutefois désirant introduire dans son exploitation toutes les économies qui pourront contribuer à la diminution du prix de transport et par suite à l'avantage de l'agriculture et du commerce, a récemment sollicité et obtenu l'autorisation d'adopter un matériel roulant plus simple, moins couteux et plus en rapport avec les nécessités d'un pays qui se constitue.

Quant à la création obligatoire d'un service spécial d'agents-voyers qui, mieux que le service des ponts-et-chaussées, se prêterait aux exigences des Budgets provinciaux et des communes, la nécessité n'en paraît pas suffisamment démontrée, car la législation qui régit la matière en Algérie donne à cet égard toutes les facilités désirables. Aux termes d'un arrêté ministériel du 19 décembre 1856, les communes régulièrement organisées sont libres, si elles possèdent des ressources suffisantes, d'entretenir à leurs frais des agents spéciaux pour l'exécution de leurs travaux. C'est une faculté dont . usent en ce moment un grand nombre de communes, et notamment Alger, Constantine, Philippeville, Blida, Boufarik. Mais quant à celles qui, faute de ressources, ou pour tout autre motif, désirent recourir aux services de l'État, elles peuvent employer les agents des Ponts-et-Chaussées et des Bâtiments civils dont le concours leur est assuré. Quel avantage pourrait-il y avoir à modifier une situation qui concilie ainsi tous les intérêts et dont les provinces peuvent également bénéficier ?

TROISIÈME PARTIE.

COMMERCE.

Dans les deux premières parties de ce rapport, nous avons constaté les progrès constants de l'Algérie, au point de vue de la production, et nous en avons donné comme un témoignage éclatant le chiffre toujours croissant de ses exportations. Comme elle ne peut toutefois se suffire complètement à elle-même, elle doit demander à la Métropole, ainsi qu'aux pays étrangers, certains articles qu'elle ne peut avoir la prétention de produire d'ici à longtemps. S'il convient d'encourager chez elle toutes les industries qui se rattachent intimement à l'exploitation du sol, qui peuvent donner à ses produits une forme plus transportable, plus commerciale, il faut éviter de la pousser dès ce moment vers le travail de ces industries perfectionnées qui, exigeant une population spéciale, ne peuvent que végéter dans l'isolement. Les besoins dont l'Algérie ne trouve pas encore en elle la satisfaction sont considérables et augmentent chaque année d'importance.

En 1856 elle recevait des produits pour 108,910,000 fr.

En 1861. 116,800,000

En 1865. 150,332,000

La progression est rapide : ces chiffres cependant ne donnent pas une idée complète de tout le trafic que comporte l'Algérie. Comme nous l'avons déjà constaté, divers articles, surtout ceux relatifs à la consommation, après avoir figuré en 1856 et 1861, pour des chiffres importants, en ont plus ou moins disparu : certains donnent même lieu à un commerce d'exportation. N'y a-t-il pas là profit réel pour la Colonie qui n'est plus obligée de dépenser au loin, pour des besoins de première nécessité, un capital qu'elle a tant d'intérêt à garder pour l'appliquer à l'augmentation de son bien-être et surtout à l'extension et au perfectionnement de ses moyens d'action ?

Les lois de navigation de 1866, relatives à la construction des navires et au droit de tonnage, et la loi de douane qui vient d'être votée, doivent donner un élan plus décidé au mouvement de la population, et par suite à celui de la production et de la consommation : l'histoire du passé, depuis notre établissement en Algérie, présage les résultats heureux qu'il est permis d'attendre de ce nouveau régime douanier. Depuis notre occupation, le mouvement commercial de la Colonie s'est développé en raison de l'ouverture des débouchés et de l'abaissement des tarifs.

Notre intention était d'examiner quels étaient les besoins de consommation en Algérie et quels étaient les moyens de les satisfaire, en assurant à la mère-patrie la plus large part des débouchés que peut offrir la Colonie ; mais placés en présence du nouveau régime commercial dont nous attendons les plus heureux effets, nous nous bornerons à constater toute l'importance qu'avaient acquis les rapports de l'Algérie avec la France pour les tissus. Les articles laine, lin et soie figuraient dans l'importation pour 28 millions de francs, presque entièrement fournis par la France ; les tissus de coton atteignaient à eux seuls une somme égale de 28 millions, sur lesquels 24 millions pour la France. Nous avons lieu d'espérer que cette situation se maintiendra, et qu'elle tendra même à s'améliorer dans de rapides proportions. Si la Colonie a demandé l'assimilation la plus complète possible avec la France, c'est pour rendre plus intime l'union qui doit les lier l'une à l'autre, et cette union se resserrera d'autant plus que les rapports seront plus fréquents et plus considérables.

D'après les tableaux annexés à la nouvelle loi sur le régime commercial de l'Algérie, il est permis de croire que les produits français n'auront rien à redouter de la concurrence des produits étrangers, attendu que les marchandises n'arriveront dans la Colonie que soumises au paiement intégral des droits applicables dans la Métropole, et attendu aussi que le commerce algérien, à égalité de prix, préfèrera toujours les produits français, parce qu'il trouve un crédit assuré chez le producteur métropolitain tandis que le producteur étranger exige le paiement immédiat de sa marchandise. Il est à remarquer d'ailleurs qu'en ce qui concerne les articles s'adressant à la consommation européenne, ils continueront à obtenir la préférence, grâce au goût tout spécial de leur fabrication; et pour ceux qui s'adressent à la consommation indigène, ils devront, pour conserver la même faveur, se faire distinguer par la bonne qualité et la régularité de leurs tissus.

Nous n'ignorons pas quelles peuvent être les exigences de certains intermédiaires qui, dans un but de concurrence plus ou moins loyale, n'acceptent pour les tissus qu'ils achètent ni le poids ni les dimensions d'usage et imposent aux fabricants des articles en quelque sorte personnels qui s'éloignent toujours des types habituels. De pareilles exigences sont dangereuses pour l'avenir de nos tissus qui finiraient par perdre la confiance des Arabes, si profondément ennemis de toute innovation, dans le cas où nos producteurs ne s'uniraient pas pour résister à ces fâcheuses tendances.

On pourrait peut-être adopter dans ce but le cachet des chambres de commerce, avec la suscription en arabe. Ce cachet appliqué sur toutes les pièces leur assurerait une faveur incontestable.

Ne pourrait-on pas chercher aussi à propager les institutions de mesurage et de conditionnement qui fonctionnent déjà dans certains centres industriels et qui constatent d'une manière officielle l'état des marchandises fournies à leur examen et à leur estampillage? L'acheteur, dans l'intérieur de l'Algérie, ne serait plus dès-lors exposé aux déceptions que certains tissus ont pu lui donner à l'usage. Il s'habituerait à juger la marchandise sur la marque et ne manquerait pas d'accorder la préférence à des produits ainsi présentés. L'honnêteté est le premier devoir, mais aussi le plus grand intérêt des affaires de cette nature.

Comme article d'alimentation, ce sont les vins et les sucres qui occupent la première place dans nos importations. Les vins français sont sûrs de trouver longtemps encore des débouchés faciles en Algérie; résultat dû à cette double circonstance que les vins algériens, comme nous l'avons déjà dit, n'ont pas des qualités analogues à celles des vins de France, et que d'ailleurs la production du vin dans la colonie n'est pas en rapport avec les besoins qui s'accroissent en raison du chiffre de la population et de son bien-être.

Le commerce des sucres n'a guère varié depuis trois ans, et figure toujours pour une somme d'environ cinq millions de fr. Il faut espérer cependant que la consommation se développera si nous parvenons à réduire les frais de transport sur cet article, comme sur bien d'autres. Les nombreuses fabriques du Nord n'ont jamais pu envoyer leurs produits sur les marchés de la Colonie, et ce n'est pas la nature de leur fabrication qui les en a empêchés; ce sont avant tout les tarifs des chemins de fer.

Si nous voulons conserver aux producteurs français les marchés de notre Colonie, il faudra que nous obtenions pour eux des moyens économiques et rapides de transport. Par la situation même de l'Algérie relativement à nos principaux centres industriels, tous les produits qu'elle doit en recevoir ont à parcourir de longues distances par terre, des services maritimes n'existant que sur la Méditerranée; les ports de l'Océan et de la Manche n'ont pas encore trouvé un élément assez régulier de frêt pour établir des services à vapeur, les seuls qui puissent désormais être utilement employés.

Les chemins de fer se trouvent ainsi seuls appelés à transporter les produits de ces mers à l'Algérie, sur tous ces longs parcours qui relient l'Alsace, le Nord, la Normandie aux ports de la Méditerranée, et il faut reconnaître qu'il ne leur est pas toujours fait des conditions très-favorables. Nous pourrions citer comme exemple l'obligation où sont les produits de l'industrie du Nord de passer par Rouen pour aller chercher sur la ligne de l'Ouest une atténuation de prix du transport qui leur serait refusée s'ils étaient dirigés sans détour de Lille ou Roubaix sur Marseille.

Au moment où la lutte va s'établir avec les produits étrangers, ne devons-nous pas appeler l'attention des compagnies sur de pareilles anomalies, et réclamer des tarifs assez généralement réduits pour que de toutes les parties de la France les produits destinés à l'Algérie puissent arriver à destination sans être grevés de trop grands frais ?

Nous avons vu avec quelle rapidité le trafic entre la France et l'Algérie s'était augmenté. Les Compagnies de chemins de fer, en favorisant ce trafic, verront nécessairement augmenter leurs transports. Mais réclamons surtout de leur justice que sous prétexte d'attirer sur les lignes françaises les articles de transit, elles ne favorisent pas par des tarifs spéciaux le transport des produits belges et anglais depuis les frontières du Nord jusqu'à Marseille. Le gouvernement a voulu par ses tarifs de douane assurer une certaine protection aux produits français ; il ne faut pas que les chemins de fer viennent, par des tarifs de faveur appliqués aux produits étrangers, déranger l'équilibre qu'il a cherché à établir.

Mais ce n'est pas en France seulement que des efforts sont à faire : il faut aussi que l'Algérie procure aux produits qui lui sont envoyés les moyens de se répandre, ce qui va devenir de jour en jour plus facile, grâce au développement que le gouvernement ne cesse de donner à la viabilité publique. C'est par des moyens nombreux de communication que s'étendent les rapports commerciaux, et que peut-être aussi le crédit algérien peut se constituer sur une plus large échelle. Avec de bonnes routes en effet le capital représenté par les marchandises brutes ou fabriquées qui circulent dans la Colonie pourra se mouvoir plus facilement dans les mains du producteur ou du négociant, pour se prêter à de nouvelles opérations ou à de nouveaux travaux. Les hommes, en meilleure position pour se connaître, pourront mieux apprécier la valeur de chacun et la somme de découvert à accorder. La banque elle-même, trouvant ainsi le moyen d'étendre sa surveillance sur les opérations de commerce, pourra sans doute modifier l'application de ses réglements actuels.

En fondant à Alger une banque privilégiée, le gouvernement avait compris que le prix élevé de l'argent était une des principales causes des souffrances de la Colonie et des lenteurs qu'elle éprouvait dans son développement.

Les résultats obtenus ont produit une amélioration considérable sur le passé, et cependant trois villes seules sont appelées à profiter du bénéfice d'une mesure prise en vue de l'intérêt général.

Dans les villes d'une importance secondaire, le commerce est encore grevé de 15, 12 et 9 p. 0\|0 l'an, sur les points les plus heureusement placés.

Le Gouvernement voudra bien prendre, nous l'espérons, les dispositions nécessaires pour qu'au renouvellement du privilége, les villes d'une certaine importance commerciale ou industrielle puissent, comme Alger, Oran et Constantine, obtenir le taux de l'intérêt à 6 p. 0\|0 l'an. Le commerce y trouverait une situation économique équitable; la banque couvrirait certainement ses frais, et aurait même bientôt des bénéfices par l'augmentation du chiffre des affaires.

La banque a en circulation 7 millions de ses billets; le privilége peut donc, pour cette seule partie des avantages qu'il procure, être considéré comme l'équivalent d'une subvention de 420,000 fr. par an, soit 140,000 fr. pour chaque ville où existe la faculté d'escompter.

Cette somme paraît assez considérable pour permettre d'accorder le bénéfice d'un intérêt réduit aux centres commerciaux qui ont fait leurs preuves. Ils n'attendent que le bienfait d'une pareille mesure pour se développer davantage.

Mais ce qui importe avant tout, c'est que l'Etat, nous le répétons, en renouvelant le privilége de la Banque, n'omette pas de lui imposer l'obligation de créer de nouvelles succursales. Il y aurait sans cela un véritable danger, car le commerce serait de nouveau livré à la volonté discrétionnaire d'une compagnie financière qui, forte du droit résultant de la concession d'un privilége à long terme et se trouvant juge et partie dans sa propre cause, pourrait par ses hésitations perpétuer l'état de souffrance dans lequel végète une grande partie du commerce algérien.

L'Empereur a signalé, dans sa lettre du 22 juin 1865, la création de comptoirs d'escompte dans chaque province comme étant d'utilité publique, et les Conseils généraux se sont associés par leurs votes à cette pensée libérale. Nous ne pouvons donc que faire des vœux pour l'établissement de ces utiles institutions, mais sans nous dissimuler toutefois qu'elles ne doivent procéder que de l'initiative privée. La Société générale Algérienne, sans nuire au privilége de la Banque et sans même lui faire concurrence, ne sera-t-elle pas aussi en mesure de la suppléer dans bien des cas ?

Alger et Oran sont les seuls ports de l'Algérie où les marchandises anglaises et belges, payant à la valeur, puissent être reconnues par les bureaux de Douanes. La province de Constantine, qui a une grande importance commerciale, n'a pas été admise à jouir de cette facilité. Le maintien de cette mesure préjudiciable au commerce l'émeut à juste titre. Les marchandises qui arrivent directement dans l'Est doivent être réexpédiées à Alger, pour y subir la vérification de la Douane, et ce n'est qu'après l'accomplissement de cette simple formalité qu'elles reviennent au point de départ pour être livrées à la consommation, grevées d'environ 70 francs par tonne, et de moitié, soit 35 francs pour les marchandises arrivant par Alger. Ces frais sont aussi considérables qu'inutiles.

Les éléments pour opérer sur place les vérifications existent pourtant dans les conditions règlementaires, ainsi que le constatent les bureaux de la Douane locale. Il y a donc lieu d'espérer que le Gouvernement prendra cette situation anormale en sérieuse considération, et que le vœu de la province de Constantine obtiendra la satisfaction qu'il mérite (1).

(1) Un décret du 7 août 1867 a ouvert les bureaux de douane de Philippeville et de Bône, comme ceux d'Alger et d'Oran, à l'importation et à l'acquittement des droits d'entrée des tissus taxés à la valeur.

Le commerce intérieur prendra son développement rationnel aussitôt que les produits fournis par la Métropole auront, ainsi que nous l'avons dit plus haut, le cachet type nécessaire aux échanges ; lorsque le choix des marchés ne sera plus imposé aux commerçants, et que l'accès en sera libre pour tous les intéressés, quelles que soient leur nationalité et leur religion ; lorsque les voies de communication, actuellement en cours d'exécution sur un très-grand nombre de points de la Colonie, rendront la circulation facile et sûre entre les divers centres et se relieront aux chemins de fer et aux routes principales.

Comme tout est compté dans les affaires, le pays profitera des grands travaux publics dont on le dote en ce moment, et l'on peut déjà constater que par suite des travaux exécutés, notamment ceux relatifs à l'amélioration des ports, le commerce réalise de notables économies.

Qu'il nous soit permis toutefois, en ce qui concerne les travaux d'utilité publique, d'exprimer le vœu que pour l'avenir l'administration persistant dans la voie qu'elle s'est récemment tracée, et la régularisant, décide l'ouverture d'enquêtes publiques préalablement à l'exécution de tous les ouvrages nouveaux.

Ces enquêtes, dont on a pu constater en France les salutaires effets, sont à la fois une garantie donnée aux intérêts privés, auxquels l'exécution d'un travail peut porter dommage, et aux intérêts publics qui y trouvent l'assurance du meilleur emploi des fonds budgétaires.

Les principaux produits qu'exporte l'Algérie sont généralement de faible valeur et, de plus, encombrants. Ces deux conditions imposent l'obligation de procéder avec une stricte économie dans les frais.

Les prix élevés des transports par terre et par mer s'opposent très-souvent au développement et même aux transactions pour certains articles. Les intéressés doivent, dans ce cas et après un examen sérieux de la question, intervenir sans hésitation auprès des grandes Compagnies pour obtenir des réductions sur les tarifs. Le succès des démarches tentées dans ce but paraît assuré toutes les fois que les demandes seront accompagnées des preuves constatant que les avantages seront réciproques. Les Chambres de commerce sont en instance aujourd'hui pour obtenir des chemins de fer que les lins venant de l'Algérie soient traités sur les mêmes bases que les cotons allant de Marseille dans le Nord de la France. Une réduction assez sensible a déjà été accordée pour le transport des laines.

En ce qui concerne la navigation, la libre concurrence est bien la meilleure garantie du bon marché, et ce résultat si désirable sera obtenu le jour où la lutte s'engagera avec des armes égales.

Si cependant il est indispensable de subventionner une ou plusieurs compagnies pour assurer la régularité du service, il serait indispensable aussi, pour établir la possibilité d'une concurrence, que l'adjudication des transports généraux de la guerre et des dépêches fût faite plusieurs années avant l'expiration du marché actuel.

Le prix du transport par le roulage est et sera toujours en rapport direct avec l'état des routes et chemins à parcourir. Il est d'ailleurs utile de remarquer à cet égard que la faculté laissée à tous d'organiser des services est la meilleure garantie contre des exagérations qui, si elles se produisaient exceptionnellement, n'auraient aucune chance de durée.

Nos relations avec l'Espagne sont déjà importantes, mais elles sont appelées à se multiplier dans une large proportion aussitôt que les communications entre les deux pays auront été rendues faciles et fréquentes, au moyen d'un service direct de bateaux à vapeur entre Oran et Carthagène. Ce service est actuellement en voie de création. Il favorisera les transactions commerciales et l'immigration espagnole. La France, l'Espagne et l'Algérie y trouveront de grands avantages. Les restrictions sanitaires dont se trouve hérissée la législation de l'Espagne retardent ce progrès et sont nuisibles à tous. Nous ne saurions trop appeler la haute sollicitude du gouvernement sur cette situation qui menace de se prolonger indéfiniment.

Le commerce de Tlemcen, gravement compromis et réduit par la création d'une ligne de douanes sur la frontière, va se relever, on ne saurait en douter, grâce au système des franchises que la loi de juin 1867 vient d'autoriser pour l'introduction en Algérie de tous les produits naturels ou fabriqués de l'empire du Maroc, de la Tunisie et des contrées du Sud de nos possessions algériennes. Nous ne pouvons que remercier le Corps législatif d'avoir ainsi réalisé l'une des promesses faites par l'Empereur à l'Algérie.

La création d'une agence consulaire à Ouchda (Maroc), et d'une agence marocaine à Tlemcen, et mieux peut-être à Oran, paraîtrait nécessaire pour nous ouvrir les marchés du Sud de l'Afrique et de l'intérieur du Maroc et pour donner ainsi une plus grande garantie à nos relations commerciales.

Les chambres de commerce ont émis avec instance un vœu tendant à obtenir de nouvelles créations de tribunaux de commerce, et elles ont donné à cet égard tous les motifs de nature à justifier leur demande.

Évidemment en Algérie le nombre des tribunaux de commerce est relativement plus considérable qu'en France, à chiffre égal de la population ; mais la dissémination des colons sur 250 lieues de côtes, et sur une largeur moyenne de trente lieues environ, rend plus nécessaire la multiplication de ces utiles institutions. Il y a donc lieu de croire que ces créations développeront la confiance du commerce français, ce qui est l'une des conditions essentielles du progrès et de la prospérité de l'Algérie.

On pourrait doter de ces nouveaux tribunaux les villes comportant une population de six mille âmes, et opérant sur un mouvement commercial annuel de 30,000 tonnes effectives de marchandises.

Un intérêt plus général exige surtout d'appeler l'attention de l'autorité supérieure sur l'utilité de faire juger les appels au chef-lieu de chaque province.

Il nous a paru également d'un grand intérêt de rappeler que l'Algérie ne possède qu'un seul câble électrique qui la relie à la France, en traversant le territoire d'un état étranger. Il en résulte des retards considérables et quelquefois des altérations dans la transmission des dépêches, et de plus le prix de la transmission qui est fixé à huit francs pour la plus simple dépêche est beaucoup trop élevé.

Ce câble unique expose la France, par suite de la fréquence des accidents, à se voir privée de communications électriques avec sa plus grande colonie, et le commerce en souffre. Pour l'intérêt et l'honneur de la France, il conviendrait de voir établir sans retard un câble électrique direct.

La Commission croit devoir aussi demander, comme dernière expression de ses vœux, la concession aussi prochaine que possible du chemin de fer destiné à relier Alger à la province de Constantine; la dotation des communes; la création, par province, d'une école des arts-et-métiers accessible indistinctement aux enfants de toute nationalité et de toute religion, et aussi l'ouverture de nouvelles écoles primaires; et pour justifier cette dernière demande nous constaterons avec autant d'orgueil que de satisfaction que sur une population de 217,000 européens, les écoles renferment 31,795 enfants, et les salles d'asile 10,782, soit en tout 42,577 enfants des deux sexes qui profitent des bienfaits de l'instruction primaire !

De l'exposé que nous venons de faire, après un examen attentif de la place prise par l'Algérie à l'Exposition Universelle, il nous semble résulter d'une manière incontestable pour nous comme pour tous ceux qui voudront étudier cette question avec une loyale impartialité, que la Colonie a réalisé depuis 1862, c'est-à-dire depuis cinq ans environ, des progrès très-considérables.

Les récompenses accordées par le jury international, et qui ne s'élèvent pas à moins de 276, suffiraient pour démontrer le bien fondé de notre opinion; mais elle trouve surtout sa justification dans le mouvement si rapidement ascendant de l'exportation de ses produits, dont l'Exposition Universelle de 1867, quels que fussent le nombre et la variété des échantillons, n'a pu faire apprécier d'une manière complète ni la valeur ni l'importance.

Résumons sommairement les principaux.

Le coton, dont la production vient d'atteindre dans la campagne de 1865-1866 le chiffre de 8,000 balles environ, est l'égal des plus beaux cotons de l'Amérique, et il est incontestablement supérieur à ceux de toutes les autres provenances. L'Algérie n'a donc plus qu'à donner à la culture de ce précieux textile tous les développements que peuvent permettre, dans des conditions assurées de réussite, les terres à irrigation et la main-d'œuvre dont on dispose.

Le lin, dont l'introduction en Algérie est de date toute récente, a donné des résultats inespérés, et ses graines comme ses filasses ont trouvé sur le marché métropolitain une faveur immédiate.

Les bestiaux algériens viennent augmenter dans des proportions considérables les ressources alimentaires du Midi de la France et de l'Espagne orientale ; le moment n'est pas éloigné où ils seront également recherchés par l'Égypte et par l'Angleterre.

Les laines sont mieux appréciées et de plus en plus recherchées par le commerce. Elles ont, à l'Exposition, attiré l'attention des industriels de l'Allemagne.

Les minerais de fer de la Colonie alimentent plusieurs des plus grandes usines de France, et trois exploitations de galène argentifère et de cuivre livrent annuellement au commerce six millions de kilogrammes de ces produits.

Depuis peu l'Algérie donne à la mère-patrie tout ce qui lui manque en liéges bruts ou mis en œuvre, ce qui comble un déficit considérable. Elle cherche en ce moment de nouveaux débouchés pour ce produit, sans crainte aucune de concurrence.

Les bois de construction n'ont rien à envier à ceux des régions les plus éminemment forestières des deux mondes.

Ses blés, sur le marché de Naples, tendent à remplacer ceux de la mer Noire.

L'Angleterre lui fait de larges achats de ses orges, dites de

Ténez, déjà renommées dans la Grande-Bretagne pour la fabrication de la bière.

Les pâtes alimentaires devenues l'objet d'une industrie très-développée tant en France que dans la Colonie même sont presque appréciées à l'égal de celles de l'Italie.

Enfin, ses huiles eussent incontestablement obtenu, en raison de leur qualité spéciale, les suffrages unanimes du Jury, si les incendies et les sauterelles n'étaient venus, dans les deux dernières années, peser d'une manière fâcheuse sur les produits de l'olivier. Mais ce sont là des accidents dont, fort heureusement, un pays comme l'Algérie se relève avec une vigueur et une promptitude qui ne laissent bientôt plus place qu'à de faibles et lointains regrets.

En présence des résultats obtenus, comment expliquer l'impatience montrée à l'égard de la Colonie par quelques esprits prévenus, et le peu de justice parfois rendue à ses laborieux efforts? C'est que l'on exige beaucoup d'elle, sans tenir suffisamment compte de tout ce qui a été accompli, du peu de temps qu'elle a mis à le faire et des difficultés qu'il lui a fallu surmonter. Si le drapeau de la France flotte en Algérie depuis 1830, ce n'est pas de cette époque que date la colonisation. Elle fut précédée par la période de guerre, qui était en même temps celle des incertitudes gouvernementales, et pendant tout ce temps le pays que parcouraient les colonnes de notre brave armée d'Afrique n'était pas même accessible aux plus intrépides pionniers. Cette période dura plus de quatorze ans: on peut à peine la considérer comme terminée après la bataille d'Isly.

Il y a eu ensuite la période des incertitudes administratives et des restrictions législatives, pendant laquelle l'administration locale d'un côté, et quelques rares colons de l'autre cherchaient péniblement leur voie.

La législation douanière créait alors de véritables impossibilités, et ce n'est que depuis 1851 que les cultivateurs algériens, libres d'exporter leurs produits en France, ont pu faire du blé d'une manière avantageuse. Enfin, lorsque le pays a été ouvert et que des populations européennes ont pu s'y établir, elles ont rencontré, comme premier obstacle, un adversaire plus dangereux que les ennemis : les émanations délétères du sol. La salubrité n'a été conquise que par le sacrifice d'un grand nombre d'existences.

Les difficultés de toute nature ont été surmontées, et l'Algérie marche aujourd'hui d'un pas assuré vers l'avenir, comptant sur elle-même et sur le concours du Gouvernement. Ses besoins en effet n'ont pas échappé à la sollicitude du chef de l'État, et l'Empereur, après son double voyage, a reconnu qu'il fallait :

Supprimer la Douane ;

Améliorer les ports ;

Ouvrir des routes et donner une large extension à l'ensemble des travaux publics ;

Créer des institutions de crédit ;

Assurer la liberté individuelle ;

Augmenter la population européenne ;

Rattacher à nous les Indigènes en les émancipant, et en les faisant jouir des bénéfices de la propriété individuelle ;

Faciliter les transactions par une législation qui les rende pratiquement possibles.

Toutes ces importantes améliorations, en ce qui concerne le régime douanier et les travaux d'utilité publique, sont en partie réaliséees ou en voie d'exécution. Les autres suivront de près, et l'application loyale du Sénatus-consulte sur la propriété, en rendant libres les transactions entre Européens et Indigènes, facilitera les rapports entre les deux races et les rapprochera l'une de l'autre, au grand avantage de la France et de l'Algérie.

La colonisation, c'est-à-dire la civilisation que l'idée française poursuit en Afrique, ne peut subir aucun point d'arrêt ni dans le présent, ni dans l'avenir ; et l'une des gloires les plus vraies de notre pays sera d'avoir su, aussitôt après la victoire, ne voir dans le peuple nouvellement soumis à notre domination que des sujets de la France ayant droit au même titre que ses enfants à tous les bienfaits de sa législation, dont la protection est égale pour tous.

Notre tâche est terminée. Nous plaçons avec confiance notre travail sous les yeux de Votre Excellence ; Elle y trouvera, nous en avons l'assurance, un témoignage du zèle que nous avons apporté dans l'accomplissement de la mission dont Elle nous avait chargés et de notre dévouement aux intérêts de l'Algérie.

Fait et délibéré à Paris, le 4 juillet 1867.

Pour les Membres de la Commission algérienne,

Le Grand Référendaire du Sénat,
Président de la Commission,

FERDINAND BARROT.

Le Membre-Secrétaire,

C. PONS.

Alger. — Typographie et Lithographie BASTIDE.